Auto Nostalgie

Reinhard Lintelmann

Auto Nostalgie

Automobilfaszination der 50er & 60er Jahre

KOMET

Text: Reinhard Lintelmann
Abbildungen: Archiv des Autors
Gesamtherstellung: KOMET Verlag GmbH, Köln
www.komet-verlag.de
ISBN 978-3-89836-852-0

Inhalt

BMW

BMW legte in den 1950er-Jahren großen Wert auf die sachliche Darstellung. Der große, luxuriöse Reisewagen vom Typ 502 machte in schwarzer Lackierung mit Weißwandreifen eine besonders gute Figur. Im Gegensatz zum Sechszylinder-Modell (Typ 501) gab unter der Haube des 502 ein seidenweich laufendes V8-Aggregat den Ton an. Der abgebildete Prospekt zeigt die moderne Technik im Detail.

Das Automobil in der Werbung – Statussymbol und Kultobjekt

Ob mit „Vorsprung durch Technik“ oder „Ihr guter Stern auf allen Straßen“ – die Automobilhersteller verstehen es, sich mit griffigen Slogans gekonnt in Szene zu setzen. Ohne die Marke nennen zu müssen, wissen wir auf Anhieb, wer sich hinter der Aussage „Aus Freude am Fahren“ verbirgt oder wer der „Créateur d'Automobile“ ist.

Die geniale Kreativität vieler Werbeschaffenden drückt aber nicht nur den Marken einen ganz persönlichen Stempel auf – sie sorgt auch dafür, dass wir uns noch Jahre oder Jahrzehnte nach Produktionsauslauf an den Charakter bestimmter Modelle erinnern. Sprüche wie „Nur fliegen ist schöner“ oder „Er läuft, und läuft, und läuft …“ entwickelten gar eine solche Eigendynamik, dass man sie automatisch mit dem Opel GT bzw. dem VW Käfer assoziiert.

Wer in alten oder uralten Ausgaben der Motorpresse stöbert, wird bald zu der Erkenntnis kommen, dass es nie ein Standardrezept für erfolgreiche Automobilwerbung gegeben hat – sie wurde permanent dem automobilen Fortschritt angepasst. Trotzdem – oder gerade deswegen – schmunzeln wir heute über die teilweise unvergesslich blumigen Formulierungen der 1950er-Jahre oder ergötzen uns an knapp gehaltenen markigen Schlagworten der 1960er-Jahre. Kurzum: Der Zeitgeist von gestern ist inzwischen Nostalgie.

Schöne bunte Welt. Der erste Opel Kapitän (1938–1940) war ein durchaus beeindruckendes Auto. Ein paar Pinselstriche mehr ließen unter der leicht überdehnt dargestellten Motorhaube ein Achtzylinder-Aggregat vermuten – tatsächlich aber wurde der große Reisewagen von einem Sechszylinder angetrieben. Mehr Schein als Sein? Diese Art der Darstellung war für die Grafiker der 1930er-Jahre eine ihrer leichtesten Übungen.

Als die ersten Motorwagen gegen Ende des 19. Jahrhunderts für Aufmerksamkeit sorgten, steckte die Autowerbung noch in den Kinderschuhen wie die Vehikel selbst. So verkündete die amerikanische Marke Oldsmobile zum Beispiel: „Dieses zierliche und gleichzeitig praktische Automobil verrichtet die Arbeit von sechs Pferden bei jährlichen Durchschnittskosten von 35 Dollar (10.000 Meilen). Allein das Futter für ein Pferd kostet 180 Dollar im Jahr, so dass die Ersparnis auf der Hand liegt. Der Besitzer eines Oldsmobile hat die Genugtuung zu wissen, dass sein Wagen jederzeit startbereit ist …“

Kurz vor Ausbruch des Ersten Weltkriegs bestimmten langatmige technische Beschreibungen den Charakter einer Werbeanzeige. Darüber hinaus richtete sich ihre Botschaft nur bedingt an die Käuferschicht – viele Hersteller versuchten, auf diesem Wege ein Vertriebsnetz einzurichten. Formulierungen wie „in einigen Gegenden werden noch gute Vertreter gesucht“ (Lambert, 1907) oder „Vertreter überall gesucht“ (Buick, 1905) wiesen mehr oder weniger diskret auf die Möglichkeit hin, eine eigene Existenz als Automobilvertreter aufzubauen.

Als die Werbeindustrie in den 1920er-Jahren unter anderem die „Dame von Welt“ – natürlich rauchend, mit langer Zigarettenspitze – als Markenbotschafterin entdeckt hatte, war alles andere als zurückhaltende Bescheidenheit angesagt. Das weibliche Geschlecht sollte einerseits helfen, PS- und hubraumstarke Motoren an den Mann zu bringen. Andererseits zielten vor allem amerikanische Hersteller mithilfe des schönen Geschlechts darauf ab, „ihn“ zum Kauf eines Automobils für die Gattin zu animieren. So ließ Chevrolet 1921 besorgt anfragen: „Fühlt sich Ihre Frau tagsüber alleingelassen und isoliert? Der Chevrolet Utility ist der ideale Zweitwagen …“

Europäische Automobilanzeigen strahlten in jener Epoche weniger Flair aus. Der britische Hersteller Jowett versuchte, den Absatz seiner praktischen Zweizylinderwagen mit einem Schuss Lyrik anzukurbeln: „Tritt aufs Pedal mein Meister. Die Stadt liegt hinter uns. Wir haben die Schranken durchbrochen, wir sind frei …“ Solche Sprüche waren alles andere als international orientiert. Das sollte sich Ende der 1920er-Jahre schlagartig ändern: Amerikanische Großserienhersteller wie General Motors oder der Ford-Konzern exportierten ihre Produkte inzwischen nach Europa. Das große Interesse diverser Länder an amerikanischen Automobilen ermutigte unter anderem General Motors, auf europäischem Boden Montagewerke zu errichten. Allerdings forderten die Jahre der Wirtschaftskrise ihren Zoll – die Verkaufszahlen für spritfressende Hubraumriesen rutschten in den Keller.

Als Carl Borgward 1949 die Firma „Lloyd“ als seine dritte Automobilfabrik ins Bremer Handelsregister eintragen ließ, bestand der Aufbau des Modells LP300 zunächst aus mit Kunstleder beschichteten Sperrholzplatten. Im Rahmen der Modellpflege avancierte der „Leukoplastbomber“ schließlich zum vollwertigen Automobil – die Ganzstahlkarosserie wurde 1954 vorgestellt.

Interessant ist die Tatsache, dass die in puncto innovativer Automobilwerbung führenden amerikanischen Hersteller für ihre überseeischen Märkte nur vereinzelt eigenständige Kampagnen kreierten. Fast immer begnügte man sich mit der Übersetzung von bereits im Mutterland erprobten Texten und Kampagnen.

Zweifelsohne rüttelte der Auftritt amerikanischer Marken die europäische Werbeszene wach. Ende der 1930er-Jahre konnte kaum ein Hersteller auf die perspektivisch übertriebene Darstellung seiner Modelle verzichten. Um das Automobil wuchtig, luxuriös und geräumig darstellen zu können, waren den Grafikern alle Mittel recht. Entgegen perspektivischen Regeln wurden Motorhauben künstlich in die Länge gezogen und abgebildete Personen auf die Größe eines Pygmäen geschrumpft.

Ihren Höhepunkt erreichte die Freizügigkeit des Künstlers in den „Golden Fifties".

Während die Werbefotografie zu Beginn des Wirtschaftswunders noch ein Schattendasein führte und ein realistisches Ergebnis nur von wenigen Automobilherstellern (beispielsweise Renault) gewünscht war, wurde in der noch jungen Bundesrepublik am liebsten zu Pinsel und Zeichenstift gegriffen. Ein Künstler war

Ein Bild sagt mehr als tausend Worte – trotzdem war der Hinweis auf das Baujahr wichtig: Leichte kosmetische Retuschen an der chromüberladenen Kühlerpartie läuteten bei den Marken des General-Motors-Konzerns stets den neuen Modelljahrgang ein. Die Servolenkung, ein Automatikgetriebe und die verschwenderische Kraft des 5,2 Liter großen V8-Motors machten das Cruisen zum Genuss.

gut, wenn es ihm gelang, die Wirklichkeit ein bisschen unwirklicher erscheinen zu lassen – schön eben. Trotzdem war Vorsicht vor zu plumper Werbung geboten. Der sanft oder kräftig kolorierte Prospekt sollte nicht nur als Produktinfo dienen, sondern auch eine psychologische Entscheidungshilfe für den Autokauf sein. Auf abgebildeten Alltagsszenen musste sich die gesamte Familie wiedererkennen! „Er“, weil er auf Faktoren wie Versicherungsklasse und Preis achtete; „Sie“, weil sie ein sicheres Gefühl für Formen und Farben besitzt, und der Sohn, weil ihn all die technischen Angaben interessieren. Ein Grund mehr, weshalb in der Automobilwerbung der 1950er-Jahre immer wieder Menschen vertreten sind: sei es die Tennisdame, die sich lässig am Wagen lehnend mit dem Fahrer vor dem Clubhaus unterhält, oder das elegante Paar, das in festlicher Abendkleidung einer vor dem Theater geparkten Luxuslimousine entsteigt.

Viele Hersteller entwickelten im Laufe der Jahre ihren individuellen Stil. Während manche die abgebildeten Fahrzeuge gern im Aus- oder Anschnitt zeigten, favorisierten andere eine Gesamtdarstellung aus der Vogelperspektive.

Zu Beginn der 1960er-Jahre – es gab mehr PS, mehr Hubraum und mehr Tempo – entsprach die malerische Gestaltung kaum noch dem Zeitgeschmack. Die Werbefotografie rückte in den Mittelpunkt. Zwar hatten die Hersteller dieses Medium bereits in der Vergangenheit genutzt: Doch bei den frühen Ergebnissen handelte es sich in erster Linie um Bildmaterial, das der Motorpresse als sogenanntes Pressefoto zur Verfügung gestellt wurde – in Schwarz-Weiß natürlich! Die Haute Couture aus Stahl, Lack und Chrom werbewirksam auf Zelluloid zu bannen wurde mehr und mehr die Aufgabe namhafter Fotografen und Studios. Tun und lassen, was man wollte, war nur gelegentlich möglich – der Lichtbildner hatte sich an ein streng vorgegebenes Konzept nebst Layout zu halten. Außerdem war er nur ein Rädchen im Getriebe der lukrativen Werbebranche. Wie der Texter. Ihm als Formulierungskünstler oblag es, mit treffenden Worten die Bildaussage gekonnt zu unterstreichen – von allein ließ sich ein Auto eben nicht verkaufen. Mit schwülstigen Texten der soeben verstrichenen 1950er-Jahre war nichts mehr zu gewinnen. Jetzt hieß es: „Kraft, die auf breite Reifen geht. Im Gaspedal 150 PS“ (Opel Commodore). Oder „Nervenstärke ist kein Ausgleich für Fahrwerksschwächen“ (BMW CS).

Inzwischen ist die Herausforderung für die Kreativen eine völlig andere: Die Hersteller verlangen immer fantastischere Motive für ihre Produkte: je spektakulärer, desto besser. Der Prospekt von gestern ist out, die Imagebroschüre in. Fast ebenso out ist allmählich das Fotografieren „on location“. Um edle Nobelfahrzeuge

1952 wurde der erste von Ford Deutschland entwickelte Pkw, der Ford Taunus 12 M, der Öffentlichkeit präsentiert. Dem Zeitgeschmack entsprechend zeigte der 12 M im Kühlerbereich viel Chrom – und ein interessantes Markendetail, die „Weltkugel“. Der im Volksmund nur „Weltkugel-Taunus“ genannte Vierzylinder wurde im Rahmen der Modellpflege stets weiterentwickelt und verbessert – er blieb bis 1959 im Programm.

oder die angeblich günstigen Großserienmodelle im besten Licht erscheinen zu lassen, werden alle Register der digitalen Technik und Bildverarbeitung gezogen. Dabei wird sogar das Hauptmotiv, das Auto, abkömmlich. An seiner Stelle werden virtuelle 3-D-Modelle in den vom Kunden bestimmten Background einmontiert. Geht alles gut, lässt sich das Resultat von einer echten Fotografie nicht unterscheiden – im schlimmsten Fall sieht die Pixelbastelei wie ein misslungenes Puzzle aus.

K-R 222

1954 präsentierte BMW mit dem Modell 502 den ersten deutschen Achtzylinder-Wagen der Nachkriegszeit. Ein Jahr später stellte man dem hochwertigen Reisewagen den BMW 503 gegenüber. Er wurde als Cabriolet und Coupé gefertigt, sein Einstiegspreis lag bei 29.500 DM. Dieser Achtzylinder war kein Schnäppchen – während der fünfjährigen Bauzeit ließen sich nur 413 Einheiten von Cabrio und Coupé an den Mann beziehungsweise an die Auto fahrende Dame bringen.

Aufgrund der politischen Gegebenheiten und der Abkopplung vom sächsischen Stammwerk wurde 1949 in Westdeutschland die Neue Auto Union gegründet – ein Jahr später rollten wieder Automobile unter dem Markennamen DKW aus den Werkshallen. Die frontangetriebenen Zweitakter erfreuten sich großer Beliebtheit und blieben bis 1966 im Programm. Highlight der Baureihe war der 1957 präsentierte DKW F94, besser bekannt als „Der große DKW 3=6“. Er gefiel sogar Romy Schneider – sie posierte vor ihm für die „DKW Nachrichten“ der Herbstausgabe 1957.

Mit dem BMW 507 erschien 1955 eines der exklusivsten Automobile auf dem Markt. Der reinrassige, mit einem V8-Motor bestückte Roadster erreichte eine Spitze von 220 km/h und kostete 26.500 DM. Nur 252 Exemplare rollten bis 1959 aus den Werkshallen – der flotte Zweisitzer zählt mittlerweile zu den begehrtesten Sportwagen-Klassikern überhaupt.

MERCEDES-BENZ TYP 220

In dem exklusiven Kreis internationaler Luxusautomobile ist Deutschland seit 1963 mit dem großen Mercedes-Benz 600 vertreten. Der Achtzylinder, den es in zahlreichen Ausführungen gibt, soll in erster Linie den „… besonderen Verpflichtungen und Aufgaben führender Persönlichkeiten … gerecht werden.“ 1981, nach 2677 gefertigten Exemplaren, endete die Produktion.

Seite 14: Eine Erfolgsstory von Anfang an: Der 1953 präsentierte Mercedes-Benz 180 ist der erste Wagen des Konzerns mit einer selbsttragend konzipierten Karosserie. Gleich nach dem ersten Produktionsjahr wird die Modellpalette ergänzt und nach oben hin mit dem Modell 220 abgerundet. Aufwendig illustrierte Farbprospekte gehen bis ins letzte technische Detail – schließlich ist diese Limousine (laut Werbung) „… der Wagen, den die ganze Welt bewundert“.

Der Käfer von Volkswagen – er symbolisiert wie kein anderes Fahrzeug den wirtschaftlichen Aufstieg der westdeutschen Automobilindustrie. Die „Vorarbeiten“ dieser genial einfachen Konstruktion hatten bereits in den 1930er-Jahren begonnen. Die Serienfertigung startete 1945 – im Jahr 2003 lief bei „Volkswagen de Mexico“ der definitiv letzte Käfer vom Band.

Seite 18: Citroëns kleiner 2CV – besser bekannt als „die Ente“ – eroberte vom Start weg die Herzen der Franzosen. Das 1948 vorgestellte und bis 1990 produzierte Automobil avancierte schnell zu einem klassenlosen Fortbewegungsmittel. Der simple, aber unerhört praktische „deux cheveaux“ basierte auf einem Konzept, das von vornherein auf alle entbehrlichen Dinge verzichtete.

Der grosse Tag...
endlich VW-Besitzer

HAUT

Post aus Coventry! Mit der Präsentation des E-Type (1961) etablierte sich Jaguar definitiv in der Weltspitze der Sportwagen. Der bis 1974 gefertigte Wagen bereitete Privat- und Wettbewerbsfahrern ein sportliches Vergnügen – das Museum of Modern Art in New York betrachtete den E-Type als Kunstwerk und nahm ihn bereits 1966 in die Dauerausstellung bedeutender Automobile auf.

In seinem österreichischen Exil in Gmünd hatte Professor Ferdinand „Ferry" Porsche 1947 mit der Entwicklung seiner 356sten Konstruktion begonnen. Im Juni 1948 wurde der neue Sportwagen technisch abgenommen. Das Konzept des Porsche 356 begeisterte auf Anhieb die Öffentlichkeit. Es blieb bis 1965 mustergültig und wurde im Rahmen der Modellpflege permanent den Käuferinteressen angepasst.

PORSCHE
ort
r
rsönlichkeit
Fahren in
seiner
schönsten Form

Eine Klasse für sich – Rollermobile und Kleinwagen

Für die Automobilindustrie sah es in der unmittelbaren Nachkriegszeit nicht gut aus. Kein Hersteller konnte oder durfte den Privatwagenmarkt bedienen. Erst einmal musste man sich auf die Fertigung von Lastwagen, also von Nutzfahrzeugen, fixieren – die wurden für den Wiederaufbau dringend benötigt. Konnte 1939 noch jeder 21. Einwohner einen PKW sein Eigen nennen, so stand zehn Jahre später nur jedem 285. Bürger ein eigener Wagen zur Verfügung.

An ein „richtiges" Auto konnten zunächst nur ganz wenige denken – man durfte froh sein, überhaupt ein Fortbewegungsmittel vor der Tür stehen zu haben. Meist war das ein Fahrrad oder ein Moped. Was die Hersteller an Träumen auf zwei Rädern im Programm hatten, zeigten sie ab 1951 im Jahresrhythmus auf der „Internationalen Fahrrad- und Motorradausstellung" (IFMA) in Frankfurt am Main.

Roller – das war das Stichwort, das in den 1950er-Jahren Begeisterung auslöste. Jenseits der Alpen hatte sich diese Art der Fortbewegung längst etabliert – hier brachte die italienische Rüstungsfirma Innocenti gleich nach dem Krieg ihre legendäre Lambretta auf den

Der Traum vom ersten eigenen Auto: Die Landmaschinenfabrik Hans Glas GmbH in Dingolfing kreierte 1955 mit dem Goggomobil einen Kleinwagen, der aufgrund seiner geschickt gewählten Proportionen wie ein „richtiges" Auto aussah. Das in zahlreichen Varianten gefertigte Goggomobil avancierte schnell zum Marktführer seiner Klasse und blieb bis 1969 in Produktion.

Markt. Zugegeben, sie wurde zunächst nicht ganz ernst genommen. Als man aber ihre bis dahin nicht gekannte Wirtschaftlichkeit und Wendigkeit begriffen hatte, war ihr Siegeszug nicht mehr zu stoppen. Der Erfolg der deutschen Rollerfabrikanten ließ noch etwas auf sich warten: 1949 wurden in der Bundesrepublik lediglich 33 Motorroller produziert, ein Jahr später waren es 9.110 Exemplare. 1954 hatte die deutsche Rollerproduktion mit 121.245 Scootern ihren Höhepunkt erreicht. Die Modellvielfalt war überwältigend und reichte vom Kleinstroller bis hin zum „Einspurauto". Das bewegte sich, trotz seines wohlklingenden Namens, auch nur auf zwei Rädern und hatte mit einem Automobil absolut nichts zu tun. Die Bielefelder Bastert-Werke, die diesen Luxusroller mit nicht rostender Leichtmetallkarosserie und Emaille-Lackierung in exklusiver Handarbeit fertigten, verlangten für ihr Einspurauto knapp 2.000 DM. Laut Werbeprospekt ist das Bastert-Einspurauto „eine neue Gestaltungsform einspuriger Fahrzeuge".

Die Freude am boomenden Roller-Geschäft dauerte nicht allzu lange. Mit dem wirtschaftlichen Aufschwung der Bundesrepublik stieg natürlich das Einkommen der Bevölkerung. Mitte der 1950er-Jahre erlaubte die Haushaltskasse gelegentlich höhere Ausgaben für ein Fahrzeug als zu Beginn der 1950er. Zwar wurden die Motorroller ständig stärker und komfortabler, eines aber konnten sie nicht: ein Auto ersetzen. Autos gab es inzwischen wieder und eines hatte sich bereits etabliert: der Volkswagen Käfer. Alle träumten von ihm. Trotz gestiegener Löhne blieb diese solide Konstruktion für viele Haushalte aber weiterhin unerschwinglich – gab es nichts Kleineres?

Erstaunlicherweise stellte sich die Industrie rasch auf die veränderte Situation ein. In vielen Werkshallen, in denen gestern noch Roller gebaut wurden, sollten schon bald Kleinst- und Kleinwagen vom Band laufen. Sie hießen Goggomobil, Isetta oder wie auch immer. Obwohl die großen Hersteller die Nase vorn hatten, gab es genügend Spielraum für Nischenprodukte. Dutzende genialer Ingenieure und Tüftler entwickelten in

Elegant, aber nicht pflegeleicht: Der im Borgward-Konzern entwickelte Lloyd Arabella hatte mit vielen Kinderkrankheiten zu kämpfen. Das als Konkurrenzmodell zum DKW Junior entwickelte Fahrzeug entstand unter Zeitdruck und wurde dem Anspruch seiner Klasse nicht gerecht. Etwa 47.000 Einheiten rollten von 1959 bis 1963 aus den Werkshallen – die Mitbewerber waren erfolgreicher.

kleinen Garagenwerkstätten oder Hinterhöfen mit viel Kreativität und einem bescheidenen Budget ihre skurrilen Vehikel mit drei oder vier Rädern. Nicht alles aber, was der autohungrigen Bevölkerung präsentiert wurde, hatte das Zeug zum Bestseller. Zum Beispiel der Zündapp Janus: Eine bessere Modellbezeichnung – Janus ist ein römischer Gott mit zwei Gesichtern – hätte es für den eigenwillig gestylten Wagen mit identisch aussehender Front- bzw. Heckpartie nicht geben können. Die Werbung erläuterte die Vorteile seiner besonderen Sitzanordnung (Rücken an Rücken) mit den Worten: „Vier Personen finden im Familienfahrzeug Platz. Sie haben genügend Raum, um ungezwungen sitzen und die Beine ausstrecken zu können. Von besonderem Reiz – nicht nur für Kinder – sind vor allem die Rücksitze. Wer es erst einmal gekostet hat, den Zauber vorbeifließender Landschaften in sich aufzunehmen, wird stets die rückwärtigen Plätze den vorderen vorziehen. Zusätzlich bereitet die Beobachtung der nachfolgenden Fahrer Vergnügen."

Laut Statistik favorisierten fast 60 Prozent aller Kaufinteressenten eine andere Art der Fortbewegung. Sie wünschten einen kleinen, möglichst offenen Zweisitzer – eine Höchstgeschwindigkeit von etwa 82 km/h war mehr als akzeptabel. Viele Marken bemühten sich,

In der Kategorie der Kleinwagen war der Zündapp Janus zweifelsohne das Gesicht in der Menge – genauer gesagt ein „Doppelgesicht". Sein skurriles Erscheinungsbild sowie die ungewohnte Anordnung der Sitze (man saß Rücken an Rücken) sorgten stets für Aufmerksamkeit, seine Verkaufszahlen hingegen nicht – nach knapp 7.000 gefertigten Exemplaren (1957–1958) stellten die Nürnberger Zündapp-Werke die Produktion ein.

diesem Wunsch zu entsprechen, und hofften auf den schnellen Erfolg bei der immer größer werdenden Menge interessierter Käufer.

Die Nürnberger Victoria-Werke versuchten, sich mit ihrem „Spatz" von der Menge abzuheben. In dem kleinen Roadster mit Kunststoffkarosserie konnten drei Personen vorn nebeneinander Platz nehmen! Damit fiel man auf – wie die Werbung: „Es ist doch so: Die wahre Freude am Besitz haben wir erst dann, wenn das, was wir erworben, auch anderen gefällt und man uns darum beneidet. Was werden wohl die Nachbarn sagen, wenn Sie mit Ihrem eigenen Victoria-Sporttyp an Ihrem Haus vorfahren! In ein so schönes Fahrzeug kann man sich richtig verlieben. Der Victoria 250 ist so elegant, dass er selbst in der Gesellschaft der teuersten und vornehmsten Wagen nur positiv auffällt: Er ist ein schnittiger Sporttyp."

BMWs Isetta hingegen war alles andere als ein „schnittiger Sporttyp". Auch sie fiel positiv auf, denn sie zählt zu den besonders erfolgreichen und in hoher Stückzahl gebauten Kleinwagen. Als die Isetta 1955 der Presse vorgestellt wurde, konnten zwei Exemplare kritisch unter die Lupe genommen werden und alles, was die Fachpresse über dieses Gefährt wissen musste, konnte dem blumig verfassten Pressetext entnommen werden: „Das Motocoupe BMW Isetta, das heute anlässlich eines Presseempfanges in Rottach-Egern am Tegernsee einem großen Kreis von Pressevertretern aus dem ganzen Bundesgebiet und damit der Öffentlichkeit erstmalig vorgestellt wird, ist in seinen grundlegenden Konstruktionsmerkmalen ein vollkommen neuer Fahrzeugtyp. Es wäre verfehlt, dieses Fahrzeug als die vereinfachte Ausgabe eines Automobils anzusehen, denn es erhebt nicht den Anspruch, Auto oder Kleinwagen zu sein. Bewusst wurde für die BMW Isetta das Wort ‚Motocoupe' geprägt. Es dürfte keine Zweifel darüber geben, dass die BMW Isetta bestehende Verkehrsprobleme weitgehend positiv beeinflussen wird und einen großen Freundeskreis finden wird. Schon der erste Eindruck wirkt überzeugend. Allein der Einstieg und Ausstieg bricht mit dem Herkömmlichen und ist als außerordentlich zweckmäßig anzusehen. Beim Öffnen der Vordertür legt sich die Steuersäule automatisch nach links, und man kann ungehindert, ja geradezu aufrecht stehend das Fahrzeug betreten oder verlassen. Ihre besonderen Vorzüge erweist diese Ein- und Ausstiegsart beim Parken auf engem Raum: man fährt senkrecht zur Bordschwelle in die Parklücke hinein, parkt das Fahrzeug und steigt nach vorn unmittelbar auf den Gehsteig aus …" Aus Sicht von BMW war die Isetta eine Ideallösung für alle, die ein wendiges und flinkes Fahrzeug benötigten. Das galt laut Pressetext gleichermaßen für Lohn- und Gehaltsempfänger, für den Weg zur Arbeitsstätte, für Ärzte, Vertreter, Handwerker, für den Einsatz von Reisenden großer Firmen, für selbstständig Schaffende und nicht zuletzt für die Dame des Hauses, wenn der Hausherr mit dem „großen Wagen" unterwegs war – gemeint war natürlich der BMW 501 oder 502. Der kostete aber mindestens sechs Mal so viel wie die Isetta, hatte dafür aber einen seidenweich laufenden Sechs- oder Achtzylindermotor unter der Haube.

Ende der 1950er-Jahre waren viele Roller- und Kleinwagenhersteller vom Markt verschwunden. Kleine exotische Marken gaben mangels Nachfrage und fehlendem Kapital auf – große finanzkräftige Hersteller konnten sich weiterhin behaupten. Die Käufer verlangten „mehr Auto" – und genau das stand bei den Marktführern termingerecht in den Startlöchern.

So ruhte sich beispielsweise BMW nie auf dem Erfolg der Isetta aus. Dem Trend nach anspruchsvolleren Modellen folgend, entwickelte das Unternehmen für 1957 den größeren BMW 600. Ihm folgte der BMW 700 – ein „richtiges" Auto (gebaut als Cabriolet, Coupé und Limousine), das die Modelllücke zwischen den repräsentativen V8-Wagen und der in Kürze erscheinenden „Neuen Klasse" (BMW 1500) schloss.

Nur wenige Hersteller befassten und befassen sich weiterhin erfolgreich mit der Herstellung von Kleinwagen. Im sonnigen Italien, wo das Fiat-Imperium in der Fahrzeugindustrie die dominierende Position einnimmt, spielte der Kleinwagen schon immer eine bedeutende Rolle. Das Werk selbst weist mit schöner Regelmäßigkeit in seinen Pressemitteilungen auf die Tradition des Kleinwagenbaus hin (Topolino, Fiat 500) – und wie wir wissen, hat die Neuauflage des legendären Fiat 500 das Unternehmen auf den richtigen Kurs gebracht.

2,5 Millionen gebaute Exemplare sprechen für sich: Der Fiat 600 (1955–1973) kam zur richtigen Zeit und zum richtigen Preis auf den Markt. Das je nach Motorisierung zwischen 19 und 29 PS starke Wägelchen verfügte über akzeptable Fahrleistungen und erreichte eine Höchstgeschwindigkeit von circa 110 km/h.

Dass gerade pfiffige Kleinwagen im Nostalgielook große Marktchancen haben, beweist seit ein paar Jahren auch der „neue" Mini.

Die einzigartige Erfolgsgeschichte dieses Evergreens, die 1959 begonnen hat, wird noch immer fortgesetzt. Man schreibt sie seit der Übernahme der Automarke 2001 unter dem neuen Eigentümer BMW zwar unter anderen Vorzeichen, doch auch unter der Federführung des Automobilherstellers aus München ist das Temperament des kleinen Autos nicht zu bremsen. Die Zeiten, in denen es als kostengünstiges Fortbewegungsmittel mobil machen sollte, sind allerdings vorbei. Vielen Unkenrufen zum Trotz hat der Mini seinen Kultstatus bewahrt – vielleicht liegt das daran, dass er nach wie vor in seiner britischen Heimat gebaut wird. Auch hat sich gezeigt, dass einer friedlichen Koexistenz des klassischen Minis und seiner modernen Neuauflage nichts im Wege steht. Von der Presse 1959 begeistert gefeiert und vom Publikum abgelehnt, musste sich der Mini erst durchboxen, bis man ihn akzeptierte. Zu ungewöhnlich war sein Konzept. Mit einer knapp geschnittenen selbsttragenden Karosserie (203 cm Radstand; 305 cm Gesamtlänge) und einem quer platzierten Vierzylindermotor hatte der Fronttriebler den Kleinwagenbau über Nacht revolutioniert. Das Ziel, ein sparsames und kostengünstiges Automobil fürs Volk zu bauen, hat Mini-Konstrukteur Sir Alec Issigonis erreicht. Optisch hat sich der Mini im Rahmen der Modellpflege nur unwesentlich verändert. Über 5,3 Millionen Käufer konnte er mit seinem knuffigen Design begeistern. Als sich im Jahr 2000 die erste Mini-Generation mit dem Modell „Final Edition" verabschiedete, rollte das Kultautomobil übrigens noch immer auf Rädern im Schubkarrenformat.

Momentan ist es chic, einen Kleinwagen im Retro-Style zu bewegen – sei es als Zweit- oder Drittwagen oder als handliches Stadt- oder Einkaufsauto mit Spaßfaktor. Dass „die Kleinen" wieder groß im Kommen sind, hat natürlich auch einen ökonomischen und ökologischen Hintergrund.

Die Luxuswagen, die BMW nach der Wiederaufnahme des Automobilbaus ab 1952 fertigte, waren gut fürs Prestige – und für die, die sich so etwas leisten konnten! In die Gewinnzone fuhren sie das Unternehmen allerdings nicht. Schwarze Zahlen ließen sich erst mit der 1955 vorgestellten Isetta schreiben: Der eiförmige Kleinwagen verkaufte sich in hohen Stückzahlen.

Unter dem Slogan „Wer Köpfchen hat, ist sich im Klaren: ... jetzt BMW Isetta fahren!“ leistete die Bayerische Motoren Werke AG ihren Beitrag zum Kleinwagen-Boom der 1950er-Jahre. Wie lange die Dame, die sich hier galant aus dem Wagen helfen lässt, ihrer Isetta treu blieb, weiß man nicht – mit dem BMW 600 wurde bereits 1957 ein etwas größeres Fahrzeug auf den Markt gebracht.

Hier gibt es nicht viel zu erklären: Die Brütsch Mopetta zählt zu den großen Kuriositäten der 1950er-Jahre. Egon Brütsch, ein ehemaliger Rennfahrer, präsentierte das rollende Kunststoffei 1956. Angeblich wurden von dem automobilen Winzling (Einzylindermotor; 48 ccm Hubraum; 1 PS Leistung) zwölf Exemplare gebaut.

58

„Der Prinz ist da!": Unter dieser Headline teilte NSU 1957 der Fachpresse mit, dass Deutschlands größte Zweiradfabrik ab sofort einen Kleinwagen baut. Im Rahmen der Modellpflege und permanenter Verbesserungen blieb die erste Generation (Prinz I, II, III und 30) bis 1962 in Produktion. Verkauft wurden von dem Zweizylinder-Wagen in dieser Zeit knapp 95.000 Exemplare.

Er war der Volkswagen des Ostens – doch wer ihn haben wollte, musste lange auf ihn warten. Im Juli 1958 verließ der erste Trabant die Fabrikhallen, der letzte mit einem Zweitaktmotor bestückte „Trabi" rollte im Juli 1990 vom Werksgelände. Technische und optische Modifikationen taten seiner Beliebtheit keinen Abbruch – bis zum Niedergang der DDR wurden mehr als drei Millionen Exemplare gebaut.

Der dritte Mann
sitzt nebenan
im
SPATZ
N-1957
BAYERISCHE AUTOWERKE G. m. b. H.
NÜRNBERG-TRAUNREUT

In den Augen der Presse rangierte der 1949 präsentierte Gutbrod Superior in der Klasse moderner Luxus-Kleinwagen. Er verfügte bereits über eine Direkt-Benzineinspritzung. Verkaufen ließ sich das Modell aber nicht – das in Ludwigsburg ansässige Unternehmen stellte die Kleinwagen-Produktion 1954 ein.

Modern war der Spatz (1956–1958) allemal, denn der einzige Wagen dieser Zeit, der ebenfalls mit einer Kunststoffkarosserie aufwarten konnte, war Chevrolets Corvette. Ein Spatz war Kleinwagen und Fun-Car zugleich: Man konnte bequem zu dritt nebeneinander sitzen! In der größeren Motorvariante mit 248 ccm Hubraum mutierte der Spatz (198 ccm Hubraum) später zum „Burgfalke“ – auch dieser Höhenflug landete in der unprofitablen Sackgasse.

Seite 34: Die Karriere des Citroën 2CV begann 1948 als „Wellblechente“ und die Skepsis der französischen Fachpresse war groß. Trotzdem: Die 1,3 Millionen Besucher, die das Debüt auf dem Pariser Autosalon verfolgten, waren von dem Konzept begeistert – und überzeugt. Schon bald machte die „Ente“ ganz Frankreich mobil, erste größere technische Modifikationen folgten ab 1960.

Von den automobilbegeisterten Franzosen wurde der Renault 4CV (1947–1961) liebevoll „Cremeschnittchen“ genannt. Immerhin handelte es sich um eine traumhafte Neukonstruktion – veraltete Vorkriegstechnik weiterzubauen (wie es viele Hersteller nach Ende des Zweiten Weltkrieges taten) kam für Renault nicht infrage.

Modellvielfalt: Die günstige Variante „Innenlenker Standard“ avancierte rasch zum Bestseller des 4CV-Programms. Wer allerdings einen komfortableren Renault 4CV haben wollte, wählte die „Luxe-Ausstattung“ mit optionalem Schiebedach. Noch mehr Vergnügen bereitete die Cabrio-Limousine mit großem Rolldach: Sie war in sechs Farbversionen erhältlich und wurde serienmäßig mit Weißwandreifen ausgestattet.

VEDETTES PARIS - TOUR EIFFEL
1958-GA75

249350 TO

Zu Beginn seiner Karriere wurde der Mini (Debüt 1959) sowohl unter dem Markennamen Austin als auch unter dem Namen Morris vermarktet. Zehn Jahre lang führte er dieses Doppelleben – erst 1969 erhielt die Modellbezeichnung ihren eigenen Markenstatus. Auch unter der Regie des BMW-Konzerns, der die Automarke 2001 übernahm, erfreut sich der Mini großer Beliebtheit – der Kleinwagen von einst begeistert jetzt als modernes Kultautomobil.

Seite 38: Kleinwagen haben bei Fiat eine lange Tradition. Dem guten Ruf des ersten Topolino-Modells folgend, lancierte man 1957 den Fiat 500 Nuova. Das populäre Gefährt machte zwar viele Modellpflegemaßnahmen mit, seinem Erscheinungsbild tat das aber keinen Abbruch. Mittlerweile lebt die Legende weiter: Der Fiat 500 der Gegenwart ist bereits auf dem Weg zum Klassiker.

1964, anlässlich des Turiner Salons, stellte Fiat mit dem Typ 850 eine weitere interessante Baureihe vor. Der kompakte, mit einem Heckmotor bestückte Zweitürer war zunächst nur als Berlina (Limousine) zu haben – Coupé und Spider folgten 1965.

Mit etwas Glück kann man dem Morris Minor auch heute noch im britischen Alltagsverkehr begegnen. Die Briten hängen an ihrem „Volkswagen“: Denn sein rundliches Design macht sich im Zeitalter des Reborns klassischer Automobile durchaus gut. Die Produktion begann übrigens 1948, 1971 rollte das letzte Exemplar aus den Fabrikhallen.

Günstig, komfortabel oder luxuriös? – Automobile für jeden Geschmack

Die Nachkriegsjahre, der Wiederaufbau, die Wirtschaftswunderzeit – all das zählte in den 1960er-Jahren bald zur Vergangenheit. Die vielen kuriosen Kraftfahrzeuge, die von erfindungsreichen Konstrukteuren mit wenig Mitteln eilig auf den Markt gebracht wurden, verschwanden zunehmend aus dem deutschen Straßenbild – eine neue Epoche der Automobilgeschichte wurde eingeleitet.

Die technische Entwicklung der Personenwagen weist in den 1960er-Jahren eine außergewöhnliche Vielfalt auf. Weil Käufer bewusst auf das Äußere eines Wagens achteten, bemühten die Hersteller erfolgreiche und anerkannte Karosseriedesigner. Der Beginn des Jahrzehnts war geprägt vom amerikanischen Einfluss: Panoramascheiben und Heckflossen waren nun auch bei deutschen Autos zu finden – und das nicht etwa

Mit dem DKW durch Berlin – die Fahrt hier war kein grenzenloses Vergnügen. Das hat sich mittlerweile geändert und der elegante, hier in Weiß lackierte DKW Junior, der von 1959 bis 1963 produziert wurde, ist längst zum Oldtimer herangereift.

nur bei Opel und Ford: Auch Daimler-Benz ließ sich zum Heckflossen-Modell hinreißen. Die etwas später folgende, von italienischen Designern bevorzugte klare Linienführung löste die Heckflossenwelle ab. Ein allgemeiner Trend führte zu immer niedrigerer Bauweise mit tieferem Schwerpunkt. Die steigende Verkehrsdichte und die allmählich zunehmende Parkplatznot zwang die Konstrukteure zur kompakteren Bauweise. Und obwohl Platzangebot und Kofferraumvolumen vergrößert wurden, ließen sich die Außenmaße reduzieren. Mittelklassewagen wurden wendiger und Kombiwagen immer beliebter. Der Vorderradantrieb mit vorn platziertem Motor setzte sich weiter durch, aber auch der Heckmotor war in neuen Konstruktionen erhältlich (Porsche, VW). Der nicht synchronisierte erste Gang war Ende des Jahrzehnts nicht mehr anzutreffen. Die Lenkradschaltung wich der Mittelschaltung und durch hintere Einzelradaufhängung wurden bessere Fahreigenschaften erreicht. Scheibenbremsen setzten sich durch und Verbesserungen im Bereich der Sicherheit waren weiter auf dem Vormarsch. So wurde die Sicherheitslenksäule entwickelt, das Armaturenbrett bekam eine Polsterung, Bedienungsknöpfe wurden mit weichem Überzug versehen, Verbundglas wurde eingeführt und Ende der 1960er-Jahre gab es die ersten Sicherheitsgurte und Kopfstützen. Während 1950 in der Bundesrepublik rund 200.000 Personenwagen produziert wurden, waren es 1960 bereits neunmal so viel: 1,8 Millionen! 1965 waren es bereits 50 Prozent mehr und wieder fünf Jahre später stieß der deutsche Markt 3,3 Millionen Fahrzeuge aus. Nach den USA mit 6,5 Millionen produzierten Einheiten lag Deutschland damit an zweiter Stelle vor Japan (31 Millionen), Frankreich (2,2 Millionen), Italien (1,7 Millionen) und Großbritannien (1,6 Millionen).

Wie aber sah es in den 1950er- und 60er-Jahren auf den Straßen der europäischen Nachbarn aus? Was hatten zum Beispiel die Franzosen zu bieten?

Zunächst revolutionierte der kleine Renault 4CV den Automobilmarkt. Er avancierte zum Bestseller und

Moderne Technik und eine Karosserie im Stil der späten 1930-Jahre – so zeigte sich 1952 der BMW 501. BMW verstand die Luxuslimousine, die anfangs mit einem Sechszylindermotor bestückt wurde, als „Visitenkarte der Gesellschaft“. Der 501 war allerdings vielmehr die Visitenkarte der oberen Zehntausend – Normalverdiener konnten sich diesen Wagen nicht leisten.

sollte lange Zeit gebaut werden. Citroën hielt erst einmal am 11CV, dem berühmten „Gangsterwagen“, fest. Er wurde im Rahmen der Modellpflege dem aktuellen technischen Standard angepasst und verkaufte sich praktisch von selbst – bis die „Ente“, der klassische 2CV, auf der Bildfläche erschien. Als Citroën schließlich im Oktober 1955 auf dem Pariser Salon die Premiere des Citroën DS ankündigte, war dieses Ereignis eines der spektakulärsten Debüts der Automobilgeschichte. Die „Göttin“, wie sie nach der französisch „déesse“ ausgesprochenen Modellbezeichnung genannt wurde (hervorgegangen aus dem internen Entwicklungsnamen „Projekt D“), setzte Maßstäbe in Technik und Design. Von ihr sagte der deutsche Schriftsteller Alexander Spoerl: „Dies ist nicht das Auto von morgen. Es ist von heute. Die anderen sind von gestern.“ Generationen von Ingenieuren und Designern der gesamten Autoindustrie rieben sich an diesem Monument des Stils und der technischen Innovation. Einige Hersteller entwickelten zum Beispiel eilig Luftfederungen, um der Hydropneumatik der DS etwas entgegenzusetzen. Die Hydropneumatik gibt es immer noch, während die

Luftfederungen vorübergehend verschwanden – mittlerweile sind sie allerdings bei Luxuswagen wieder in Mode, so wie das „Kurvenlicht", das die DS schon 1968 hatte. Nach fast zwanzig Jahren und mehr als 1,4 Millionen gebauten Exemplaren trat die „Göttin" ab, ohne dass sie wirklich veraltet gewesen wäre. Sie wurde ein Star und hat die größten Rollen gespielt, sie hat die Stars des Kinos begleitet, war Komparsin und Partnerin großer Schauspieler: zum Beispiel 1964 in „Fantomas" von André Hunebelle mit Louis de Funès und Jean Marais oder 1969 in „Das Superhirn" von Gérard Oury mit Jean-Paul Belmondo. Die DS fand selbst in großen amerikanischen Filmen ihren Platz, unter anderem in „Zurück in die Zukunft II" (1989) von Robert Zemeckis. Während Frankreichs Großserienhersteller am Aufschwung teilnahmen, stellten die Exklusivmarken der 1930er-Jahre ihre Produktion ein. Bugatti, Delage, Delahaye, Hotchkiss, Salmson und Talbot mussten zur Kenntnis nehmen, dass die Zeit für prestigeträchtige Luxusmodelle mit Sonderkarosserien abgelaufen war. Wer etwas auf sich hielt und wer es sich leisten konnte, schielte auf den italienischen Markt und liebäugelte mit einem PS-starken, rassig gestylten Sportwagen.

Unter der südlichen Sonne Italiens dominierte der gigantische Fiat-Konzern. Das Turiner Unternehmen mit seinen 14 Zweigwerken beschäftigte 1948 über 50.000 Menschen. Allein 16.000 Arbeiter waren im Werk Mirafiori im Personenwagenbau tätig. Weil der heimische Markt noch etwas schwächelte, setzte Fiat alle Hebel in Bewegung, um das gewinnbringende Exportgeschäft anzukurbeln. Lancia und Alfa Romeo überarbeiteten fürs Erste ebenfalls die leicht betagten Vorkriegsversionen, während Isotta-Fraschini und Bianchi dem Automobilbau den Rücken kehrten. Zu den erfolgreichsten italienischen Automobilen zählt natürlich – neben dem Fiat 500 – der Giulietta Sprint aus dem Hause Alfa Romeo. 1954, als Stars wie Audrey Hepburn, Marlon Brando und Anthony Quinn die Kinosäle füllten und Elvis Presley die Menschheit in ein neues Musikzeitalter katapultierte, präsentierte Alfa Romeo auf dem Turiner Salon den Prototypen des Giulietta Sprint. Schon kurz nach der Produktionsaufnahme rangierte der agile Kompaktwagen auf den vorderen Plätzen der Beliebtheitsskala – seine nicht minder populären Derivate namens Giulietta Berlina und Spider schrieben ebenfalls Automobilgeschichte. All diese Modelle führten die Mailänder Avantgardemarke in neue Absatzregionen. Mehr als 28.000 Kunden, unter ihnen Größen wie Sofia Loren und Gina Lollobrigida, entschieden sich für das Coupé: ein in jenen Tagen außergewöhnlicher Markterfolg, zu dem sich mehr als 131.000 Guilietta Berlina und 17.000 Giulietta Spider addierten. Ähnlich wie in anderen europäischen Ländern bröckelte auch in Italien die Zahl der noch existierenden Marken ständig. Von den ursprünglich aktiven 22 Nachkriegsmarken existierten 1960 nur noch elf: Abarth, Alfa Romeo, Autobianchi, Cisitalia, Ferrari, Fiat, Lancia, Maserati, Moretti, Osca und Siata.

Trotz vieler Kriegsschäden sah sich England in der glücklichen Lage, die Automobilproduktion recht bald wieder aufnehmen zu können. Die etwas konservativ eingestellten Briten favorisierten zunächst die letzten Vorkriegsmodelle – das versprach Sicherheit in puncto Zuverlässigkeit und Qualität. Weil Stahl vorerst nur Herstellern von Exportfahrzeugen in ausreichender Menge zur Verfügung gestellt wurde, kam der Ausfuhr von Automobilen wirtschaftlich eine besondere Bedeutung zu. England gehörte in den 1950er-Jahren zu den Ländern mit der größten und attraktivsten Markenauswahl (64 Hersteller). Es gab alles: vom kleinen Mini über klassische Gebrauchsfahrzeuge à la Morris oder Riley bis hin zum luxuriösen Rolls-Royce oder Bentley. 1960 war die Zahl der Hersteller zwar auf 45 geschrumpft – der Motorisierungsfreudigkeit tat das jedoch keinen Abbruch. Laut Statistik besaß Mitte der 1950er-Jahre in Italien jeder 76., in Deutschland jeder 47., in Frankreich jeder 20. und in England gar jeder 18. Einwohner einen fahrbaren Untersatz.

Zu den wichtigsten Herstellerländern der Nachkriegszeit durfte sich neben Deutschland, Frankreich, Großbritannien, Italien und den USA mit etwas Verspätung auch Schweden zählen. Die bereits vor dem Krieg gegründete Marke Volvo fixierte sich zunehmend auf den Export, während sich Saab still und leise zum fünftgrößten PKW-Hersteller Westeuropas entwickelte. Das zuvor auf den Bau von Militärflugzeugen spezialisierte Unternehmen lieferte 1950 die ersten serienmäßigen Automobile an Kunden aus. Was mit streng geheim gehaltenen Testfahrten des Prototyps im Jahr 1946 begonnen hatte, war zur käuflichen Realität geworden: Aus dem Ur-Saab mit seinem einzigartigen Design war ein serienreifes Automobil namens Saab 92A geworden. Angetrieben wurde es von einem wassergekühlten Zweizylinderzweitaktmotor – 25 PS reichten für eine Spitze von etwa 105 km/h. Im Rahmen ständiger Modellpflege hatte Saab 1960 das Erscheinungsbild aller Modelle noch einmal gründlich überarbeitet. Ohne mit der typischen Grundform zu brechen, wirkte der rundliche Schwede jetzt besser proportioniert als seine Vorgänger. Vor allem die Heckpartie hatte an Eleganz gewonnen. Ihre Dachlinie verlief nicht mehr ganz so schräg abfallend wie üblich.

Das Reborn der Marke Audi im Jahr 1965 führte vom Start weg zum großen Erfolg. Der erste Audi der Nachkriegszeit war im Prinzip nichts anderes als ein neu verpackter und retuschierter DKW F 102. Im Unterschied zu diesem tauschte man den veralteten Zweitaktmotor gegen einen modernen Vierzylinder-Benzinmotor diverser Hubraumklassen (1.496 ccm, 1.696 ccm und 1.770 ccm) aus.

Dieser kleine Kunstgriff brachte hinten sitzenden Passagieren ein gewaltiges Plus an Kopffreiheit. Eine Heckscheibe in leichter Panoramaform ließ das Auto in Verbindung mit den vergrößerten Seitenfenstern rundum gelungen erscheinen.

Nicht nur in Deutschland, auch in den eben erwähnten Ländern sind die 1960er-Jahre als sogenannte „Goldene Jahre" in die Automobilgeschichte eingegangen. Schließlich stand man wirtschaftlich wieder gut da, die Kaufkraft des Einzelnen stieg.

Schmerzliche Einschnitte gab es trotzdem: Nachdem in den 1950er-Jahren bereits viele kleinere Autoproduzenten vom Markt verschwanden, erwischt es in den 1960er-Jahren in Deutschland auch die Bremer Borgward-Werke. DKW bzw. die Auto-Union wurden zunächst von Daimler-Benz, dann von Volkswagen übernommen. Die hoch verschuldeten Glas-Werke kamen zu BMW. Anders interpretiert, existierten Ende der 1960er-Jahre nur noch sechs deutsche Hersteller. Für den internationalen Markt, auf dem die USA führend waren und auf den Japan mit großer Macht drängte, war diese Verkleinerung nur von Vorteil. Dem Autoboom angemessen, wurde das Straßennetz permanent ausgebaut. Neue Autobahnen und Fernstraßen sorgten für immer bequemeres Fahren, und weil der Durchschnittsbürger zunehmend über mehr Freizeit verfügte, lag nichts näher als der Wunsch, mit dem eigenen Auto in ferne Länder zu reisen. Mehr Größe und mehr PS machten den Wagen bald zum Prestigeobjekt, mit dem man seinen mehr oder minder bescheidenen Wohlstand demonstrieren konnte. Die Auftragsbücher der Automobilhersteller waren zu dieser Zeit prall gefüllt, es gab in Deutschland kaum einen Haushalt, der nicht über einen Pkw verfügte. Deutsche Autos wurden auch im Ausland geschätzt, der Export florierte und die Branche weitete sich zu einem mächtigen und wichtigen Wirtschaftszweig aus – von Ölkrise, Luftverschmutzung oder gar Waldsterben war noch nicht die Rede.

Metzgerei
JOHANN WEBER
Inh. Alois Gramling
ube"

Mitbewerber wie der Ford Taunus 12 M oder der Opel Kadett machten den DKW-Modellen F 11 und F 12 das Leben schwer. Auch die Tatsache, dass unter der Haube eines DKW nur ein Dreizylinder-Zweitaktmotor werkelte, förderte alles andere als das Image. Mit einem gediegenen Interieur allein ließ sich nicht punkten: Nach zwei Jahren Bauzeit stellte DKW die Produktion 1965 ein.

Im Vergleich zu den erfolgreichen Kleinwagen der Vorkriegszeit lancierte DKW 1950 mit dem Typ F 89 ein völlig neues Baumuster. Die Wagen der sogenannten Meisterklasse hatten das Format der unteren Mittelklasse – allerdings ließ ihre Motorleistung (23 PS) zu wünschen übrig. Die Wagen des letzten Produktionsjahres (1954) erhielten anstelle des Dreiganggetriebes ein Vierganggetriebe.

1968, mit dem Abrunden der Modellpalette nach oben hin, präsentierte Audi seinen ersten Wagen der gehobenen Mittelklasse, den Audi 100. Acht Jahre lang blieb die erste Limousinen-Generation im Programm. Der Kunde konnte unter drei Ausstattungsvarianten sowie diversen Leistungsstufen zwischen 80 PS und 112 PS wählen.

Viel Chrom und eine Zweifarblackierung sollten helfen, die Verkaufzahlen des Ford 15 M de Luxe nach oben zu bringen. Dieses von 1955 bis 1958 gebaute Modell war quasi die Aufsteigervariante des Weltkugel-Modells (12 M). Sie war schön und auch zweckmäßig, aber sie kam zu spät – ein neuer Ford mit mehr Leistung und größerem Platzangebot, der 17 M, stand bereits in den Startlöchern.

Die „02-Modelle", die BMW 1966 auf dem Genfer Salon präsentierte, erschienen gerade zur richtigen Zeit. In Italien bescherten Kompaktwagen dieser Bauart den Herstellern seit Langem schon volle Auftragsbücher. Dem Grundmodell, dem hier gezeigten BMW 1602 (85 PS), folgte schon zwei Jahre später die Topversion 2002ti mit 120 PS.

Jacky Kennedy hat gut Lachen – die Fahrt im 1955 vorgestellten Citroën DS wird sie begeistern: Denn als Novum profitiert der DS von einer hydropneumatisch unterstützten Federung. „Déesse“ (DS) ist übrigens das französische Wort für Göttin – und in diesem Wagen gefahren zu werden ist in der Tat ein göttliches Vergnügen.

Bei seinem Fertigungsbeginn 1951 war der Mercedes-Benz 300 Deutschlands stärkstes und schnellstes Serienautomobil. Bundeskanzler Konrad Adenauer nutze ihn gern als Dienstwagen – mittlerweile ging der 300er als „Adenauer-Mercedes“ in die Geschichte ein. Im Rahmen der Modellpflege folgten die Varianten 300b, 300c und 300d, außerdem war der bis 1957 gebaute Luxuswagen als viertüriges Cabriolet erhältlich.

Mit viel Chrom und markant geformten Kotflügeln startete der 1950 optisch überarbeitete Opel Olympia in die 1950er-Jahre. Lenkradschaltung, üppig ausgeformte Sitzbänke und ein teilsynchronisiertes Dreiganggetriebe entsprachen dem Standard der Zeit. Wer es sich leisten konnte und das Leben genießen wollte, orderte die etwas teurere Cabrio-Limousine.

Bitte lächeln – dieser Ausflug führte nach Nizza, das Nobelhotel Negresco im Hintergrund lässt grüßen. Mit dem großen Opel Kapitän war die Fahrt über die Alpen eine Kleinigkeit. Der watteweich gefederte Reisewagen (1951–1953) orientierte sich optisch an den Chevrolet-Modellen der späten 1940er-Jahre und lief etwa 130 km/h Spitze.

Seite 54: Auf wie vielen Nieren-Couchtischen ein Prospekt vom Mercedes-Benz 180 gelegen hat, wird man wohl nie erfahren. Fest steht, dass dieses Auto ein Objekt der Begierde und eine gute Geldanlage war – alternativ konnte man das Geld für die bis 1962 gefertigte Limousine in drei VW Käfer investieren …

S·LE 892

KONSUM

Ein neuer Stil der Sachlichkeit bestimmte das Aussehen der 1960 vorgestellten Rekord-Baureihe. Sogenannte Panoramascheiben gab es jetzt nicht mehr – trotzdem war die Rundumsicht fantastisch. Neben der hier abgebildeten Limousine führte Opel den intern P2 genannten Wagen auch als Coupé und Caravan.

Unter dem Begriff „Brezelfenster“ haben die Käferversionen der Baujahre 1945 bis 1953 Automobilgeschichte geschrieben. Das größere, ovale Rückfenster kennzeichnet die ab 1953 gefertigten Modelle. Der Besitzer, der seinen Volkswagen 1200 (so die offizielle Bezeichnung) hier als Erntehelfer nutzt, hat sich den Traum vom eigenen Automobil erfüllt – für 4.600 DM.

Seite 58: Auto oder Arbeitsplatz? Weder das eine noch das andere – dieser Individualist genießt den Komfort seines Citroën DS auf seine Weise und schiebt gerade die neusten Scheiben in den Autoplattenspieler.

Vom technischen Layout her entsprach der Renault Dauphine seinem Vorgänger, dem 4CV. Es gab keinen Grund, das Heckmotorkonzept zu verwerfen. Den Wünschen und Ansprüchen der Kundschaft folgend, wuchs die dem Zeitgeschmack angepasste Karosserie in ihrer Länge um 35 cm – damit galt der Dauphine (1956–1968) als akzeptabler Viersitzer.

Ausflug an die Seine – mit dem zuverlässigen Erfolgsmodell 403 kein Problem. Peugeot ließ die Linienführung des bequemen Mittelklassewagens von der berühmten italienischen Karosseriebau- und Designfirma Pininfarina zeichnen. So entstand – optisch betrachtet – gegenüber dem Vorgängermodell 203 ein absolut modernes Auto, das von 1956 bis 1966 als Limousine, Cabriolet und Kombi zu haben war.

Seite 62: Die Dame hat Geschmack – ihr schwarz-weißes Outfit harmoniert perfekt mit den Weißwandreifen ihrer schwarzen Limousine. Der mit Doppelscheinwerfern bestückte Fiat 1500 machte nicht nur in Italien eine gute Figur: Die von 1961 bis 1967 produzierte Baureihe avancierte schon bald zum Exportschlager.

403 · 1955

FIAT

Parts
For Your
Car
NOW

Oben: Nein, diese Dame ist nicht die Queen in jungen Jahren – obwohl sie dem luxuriösen Jaguar Mk II bestimmt nicht abgeneigt gewesen wäre. Schnell war der elegante Sechszylinder auch: In der 3,8-Liter-Version mit 223 PS Leistung lief die Raubkatze locker 200 km/h.

Links: Der Abkehr vom barocken Design folgte im Hause Rolls-Royce 1965 die moderne, glattflächig konturierte Optik. Unter der nun selbsttragend ausgelegten Karosserie des Modells Silver Shadow arbeitete ein seidenweich laufender V8-Motor. Über die Leistungsabgabe wurde nicht gesprochen – es gab lediglich den dezenten Hinweis, dass genügend Leistung zur Verfügung steht.

Sein Auftritt (Debüt 1965) war gewöhnungsbedürftig, und dass der Renault 16 seiner Zeit weit voraus war, stellten viele Autofans erst nach dem Produktionsende 1979 fest. Auf Features wie die große Heckklappe oder eine komplett umklappbare hintere Sitzbank mussten Limousinen-Besitzer verzichten – Renault-16-Fahrer wussten diese Annehmlichkeiten zu schätzen.

Volvo ist lateinisch und heißt „Ich rolle". Das 1927 gegründete Unternehmen baut seit 1927 Automobile – erst mit dem „Buckelvolvo", dem 1944 auf die Räder gestellten Typ PV 444, wurde das schwedische Unternehmen auf der ganzen Welt populär. Die erste Generation des PV 444 begeisterte bis 1958 nicht nur die Europäer – auch die Amerikaner warfen gern einen Blick auf den Rundling.

Seite 68: Als 1950 die Serienfertigung des Saab 92 anlief, stellte man gerade einmal 1.200 Wagen auf die Räder – geplant waren mehr. Kaufinteressenten fiel es schwer, dieses Auto zu akzeptieren. Erst in der überarbeiteten Version 92 B mit einem von außen zugänglichen Kofferraum und vergrößertem Heckfenster avancierte die neue schwedische Fahrzeugklasse zum perfekten Bestseller.

Vornehme Gesellschaft – der Volvo 142 S hatte das Zeug zum klassenlosen Automobil. Er machte in jeder Situation eine gute Figur und setzte vor allem in puncto Sicherheit und Komfort besondere Akzente.

Der Hauch von Sportlichkeit stand dem Volvo 122 S (1958–1970) ausgesprochen gut, und der leistungsstarke Mittelklassewagen nahm es nicht übel, wenn er mal forciert bewegt wurde. Die junge Dame scheint den Wagen zu mögen – Sicherheitsgurte (auch auf den Rücksitzen!) zählten bei den späteren Varianten zur Serienausstattung.

American Dreams – Boulevard-Cruiser mit Heckflossen und Haifischmaul

Benzindurst und hohe Unterhaltskosten hielten die Zahl der mit bulligen V8-Motoren bestückten amerikanischen Wagen in europäischen Ländern schon immer in Grenzen. Viele kamen erst als Sammlerwagen während der Zeit des günstigen Dollars über den Großen Teich, allen voran die imposanten Cadillacs der 1950er-Jahre. Mit ihren chromüberladenen Frontpartien und Heckflossen, die zum Stylingsymbol einer ganzen Autogeneration wurden, hoben sich die Modelle der Rock-'n'-Roll-Ära unverwechselbar vom Design europäischer Marken ab. Während nach Kriegsende die europäische Automobilindustrie noch lahmte, liefen beim General-Motors-Konzern die Fließbänder bereits Ende 1945 an – und zwar für die Zivilproduktion.

Selbstverständlich war nicht zu erwarten, dass die neuen Modelljahrgänge gänzlich andere Autos sein würden als die des Jahres 1941/42. Cadillacs erster Nachkriegs-Luxuswagen entsprach so ziemlich genau jener Limousine, die im Februar 1942 als letzter Zivilwagen das Fließband verlassen hatte. Die meisten Marken beschränkten sich anfangs auf drei oder vier Grundmodelle – bei Cadillac gab es die Typen 60 S, 61, 62 und 75. Eine Großraumlimousine mit sieben Sitzen benannte man nach einer zum GM-Konzern gehörenden Karosseriefabrik: „Fleetwood". Im massiven Kastenrahmen-Chassis aller Modelle saßen natürlich hubraumstarke V8-Motoren. Cadillac fertigte V8-Aggregate übrigens seit 1915, während die Konkurrenz noch bis 1952 den Reihenachtzylinder favorisierte.

Besonderer Beliebtheit erfreuten sich damals zweitürige Fastback-Coupés. Sie basierten auf einem verschwenderischen Radstand zwischen 320 cm und 328 cm.

Neben Standard-Limousinen führten die Hersteller diverse Nobelausstattungen mit Trennscheibe zum Fond und zusätzlichen Klappsitzen – Modelle, deren stolze Besitzer das Lenkrad meist einem Chauffeur überließen.

1945 rollten etwa 1.150 Cadillacs aus den Werkshallen, für amerikanische Maßstäbe eine lächerlich geringe Zahl. Aber es gab auch in den USA durch den erst kürzlich beendeten Krieg bedingt Materialengpässe, und es dauerte eine Weile, bevor der Handel wieder in Fahrt kam und das Geschäft florierte. Außerdem etablierte sich ein grauer Markt. Dass ein Wagen auf Umwegen und zu überhöhten Preisen – vor allem unter Umgehung der üblichen Lieferfristen – seine Käufer fand, lag an einem besonderen Umstand: General-Motors-Mitarbeiter genossen das Privileg, ihr Auto bevorzugt ausgeliefert zu erhalten. Natürlich mit einem respektablen Rabatt. Warum sollten sie also auf „lukrative Nebeneinnahmen" verzichten?

Während Cadillac, Chrysler, Lincoln und Packard nun die Riege der Luxusmarken anführten, waren die vornehmen Vorkriegsmarken Düsenberg, Franklin, Marmon oder Pierce Arrow bereits vom Markt verschwunden.

Ende der 1940er-Jahre war die Zeit reif, das Automobildesign dem mittlerweile veränderten Zeitgeschmack anzupassen. Breit ausgeformte vordere Kotflügel wichen glatten Seitenpartien und an der Kühlergrillpartie gaben massive Stoßstangenhörner den Ton an. Man favorisierte bewusst einige Stylingelemente, die neben dem sprichwörtlichen Luxus einen ausgeprägten Symbolwert bekamen. Da war zunächst der Kühlergrill, der von 1948 an Jahr für Jahr breiter, schwerer und in der Optik gewichtiger wurde. Seine Stoßstangenhörner wuchsen zu mehreren Kilogramm schweren „Busen" aus und hatten werksintern tatsächlich einen weiblichen Namen: „Dagmar".

Nachdem das Fahrzeuggewicht durch die künstliche Karosserieaufblähung kräftig zugelegt hatte, wurde es Zeit, an eine Aufstockung der Motorleistung zu denken. Ein neuer, von General Motors entwickelter

V8-Motor mit hängenden Ventilen und einem Hubraum von 5.424 ccm (Leistung 160 PS) löste die veralteten Vorgängerkomponenten ab.

Mitte der 1950er-Jahre deutete sich mit über die Scheinwerfer gezogenen „Augenlidern“ und aggressiven Heckflossen eine anders orientierte Stilrichtung an. Die Bürzel der Flossen ragten nicht mehr wie eine Faust nach oben, sondern endeten in extrem schrägen Spitzen. Im Rahmen der Modellpflege hatten sie 1959 den ultimativen „Raketenlook“ bekommen – und exakt

Dieses 200 km/h schnelle Luxuscoupé stellte Chrysler seinen Händlern 1957 in die Verkaufsräume. Der 300 C war ein beliebter Wagen vieler Lifestyle-Individualisten, die für Luxus gern ein paar Dollarnoten mehr hinlegten.

Schnell nach Hause. Mit dem Ford Shelby Mustang GT 350 H kein Problem, denn ab 1966 machte Rennwagenspezialist Carroll Shelby den Mustang deutlich schneller. Zeiten, in denen die Tachonadel bei maximal 200 km/h stehen blieb, gehörten definitiv der Vergangenheit an.

dieser Jahrgang treibt noch immer den Adrenalinpegel eines Oldtimerfans nach oben. Kritiker sehen einiges anders: Als die Wagen mit immer mehr Chromzierrat überhäuft wurden, drohten sie zu einer Karikatur ihrer selbst zu werden.

Die amerikanische Automobilindustrie hatte selbstverständlich noch mehr zu bieten als wuchtige Limousinen mit blubberndem V8-Motor. Sie bescherte uns 1953 einen Wagen, der mittlerweile nicht nur Kultcharakter erreicht hat, sondern auch heute noch gebaut wird: die Corvette. Das erste Modell dieser legendären Reihe wurde bei General Motors als amerikanische Antwort auf die britischen Zweisitzer kreiert, die sich im Land der ungeahnten Möglichkeiten zunehmender Beliebtheit erfreuten. Der für europäischen Geschmack leicht protzig wirkende Zweisitzer wurde anfangs von einem 3,8 Liter großen Sechszylindermotor befeuert. Als das Aggregat 1955 gegen einen V8 mit 4,3 Liter Hubvolumen ausgetauscht wurde, konnte niemand ahnen, dass dem auch optisch modifizierten Wagen eine steile Karriere bevorstand.

1954, auf der Automobilausstellung in Detroit, antwortete die Ford Motor Company mit einem neuen Wagen, den man ebenfalls als Sportfahrzeug verstanden haben wollte. Der elegante Zweisitzer mit dem stolzen Namen „Thunderbird" (Donnervogel) stand zunächst als offenes Modell mit abnehmbarem Hardtop in den Showrooms der Händler. Um den anfangs nur 150 km/h schnellen Thunderbird geschickt verkaufen zu können, ließ sich Ford die Umschreibung einfallen, dass der Thunderbird in 40 Sekunden nach Anlauf aus stehendem Start um 53 Wagenlängen jedem anderen Serienwagen voraus sei. Das klingt aufsehenerregend, ist tatsächlich aber eine recht verschleierte Angabe zur Beschleunigung. Der Wagen war dennoch bildhübsch und fand auf Anhieb großen Zuspruch. Seit seiner Einführung im Jahr 1954 ist der Thunderbird zu einer Ikone der amerikanischen Kultur geworden. Ein paar Jahrzehnte später – 1999 – kam die Ikone im Zuge der Nostalgiewelle als wohlgeformte Neuinterpretation zurück. Trotz moderner Formgebung und 18 Zoll großen Aluminiumfelgen orientiert sie sich an den historischen Stilelementen der Modelljahre 1955 bis 1962. Im Inneren der Studie wird das frische Design durch die Kombination moderner und klassischer Materialien fortgesetzt. Bevor der „neue" Thunderbird für den US-Markt zur Verfügung stand, heizte Ford 2002 das Interesse des Publikums mit einer weiteren Studie namens „Thunderbird Sports Roadster" an. Sie spiegelt mit ihrer in leuchtendem Rot lackierten Karosserie und der weißen Lederausstattung die Extravaganz der 1960er-Jahre wider. Weitere markante Merkmale der Studie sind ihre schräg verlaufende Heckpartie, auf der sich eine Glasfaserabdeckung befindet, und mit Leder bezogene Kopfstützen, in die das Thunderbird-Emblem eingeprägt ist. Dank modernster Motorentechnologie entstand 2003 ein Donnervogel der ganz besonderen Art, der Ford Thunderbird Supercharged. Auch sein Design orientiert sich ungekünstelt am „Original" der 1950er-Jahre – die Power nicht: Mit einer Leistungsabgabe von 390 PS bzw. 287 kW, die das aufgeladene 3,9 Liter große V8-Triebwerk an die Hinterräder bringt, avanciert diese Variante zum kompromisslosen Sportgerät. Ob der Supercharged – man erkennt ihn an den beiden in die Motorhaube integrierten Lufteinlässen – in Serie gehen wird, bleibt ungewiss. Fords Interesse an „Neuauflagen" historisch bedeutender Modelle scheint groß zu sein – auch der im Retrodesign gestylte neue Mustang erfreut die Herzen zahlreicher Nostalgiker. Im Gegensatz zu Thunderbird und Mustang blieb das 1999 gezeigte Concept Car „Forty-Nine" ein Einzelstück. Sein Name ist durchaus Programm: Das Showcar orientiert sich an einem klassischen Modell von 1949. Als Highlight und Zugeständnis an die Gegenwart verarbeiteten die Designer im oberen Fahrzeugbereich viel Glas, der dunkle Lack wurde durch Chromzierrat akzentuiert. Um die Synthese aus Vergangenheit und Zukunft abzurunden, blubbert unter der Haube natürlich ein V8.

Während die europäischen Automobilhersteller in den Roaring Fifties ein breites Spektrum sogenannter Dream Cars bereithielten, hatte Amerika nur die Corvette und den Thunderbird als sportliche Gegenstücke im Programm. Um den aufnahmefähigen Markt abdecken zu können, holten immer mehr freie Importeure europäische Sportwagen ins Land. Im Prinzip hat sich daran bis heute nichts geändert – der US-Markt ist für europäische Luxuswagen nach wie vor von großer Bedeutung.

Sahen einige 1950er-Jahre-Modelle amerikanischer Hersteller im Profil aus wie ein Raumfahrtgeschoss, so begannen sich die Linien und Proportionen ab 1960 zu glätten. Die Heckflossen wurden flacher, die Kühlerfronten im Chromschmuck zurückhaltender. Es war die Zeit, als ein Rechtsanwalt namens Ralph Nader Schlagzeilen machte und nicht nur den Volkswagen Käfer als unsicher apostrophierte, sondern auch auf die Gefährlichkeit der wuchtigen US-Automobile hinwies. Bis Mitte der 1960er-Jahre gerieten die Heckflossen nur noch zu Andeutungen ihrer selbst, die bis dato nebeneinanderliegenden Doppelscheinwerfer wurden untereinander platziert – ihre senkrechte Position bestimmte auch die Gestaltung der Rückleuchten. Zum Leidwesen aller Nostalgiker hatten lineare und ungewohnt kantige Aufbauformen den überschwänglichen „Raketenlook" abgelöst. Als sich die Hersteller letztendlich gezwungen sahen, ihre Konstruktionen nach dem Prinzip des Sicherheitsdenkens auszurichten, war es an der Zeit, den automobilen „American Way of Life" neu zu definieren.

Wilde Zeiten – einmal im Buick Wildcat II Platz nehmen? Diese Chance nahm man gern wahr: Denn zu kaufen war dieser Roadster nicht. Das 1954 als Einzelstück gebaute Showcar mit haubenbetontem Design und ausladenden Kotflügeln sorgte auf den Motor-Shows der 1950er-Jahre für reichlich Aufmerksamkeit.

Seite 76: Der längste vertretbare Radstand war für Buicks Roadmaster-Serie gerade gut genug. Alle ab 1953 gebauten Modelle profitierten von der Einführung eines neuen V8-Zylinders, er löste den veralteten Reihenmotor ab. Eines der eindrucksvollsten Roadmaster-Modelle, das als Viertürer bzw. als zweitüriges Hardtop-Coupé zu haben war, erschien 1956. Es verstand sich – optisch wie technisch – als Alternative zum Cadillac.

Zu Beginn der 1960er-Jahre verabschiedeten sich Amerikas Automobilbauer endgültig von der Heckflossenära. Das Styling hatte nun schärferen Sicherheitsbestimmungen zu entsprechen, und es war zunächst nicht leicht, optisch perfekte Modelle anzubieten. Der Buick Electra, den es 1962 auch in der hier gezeigten Version als „pfostenloses Coupé" gab, traf voll ins Schwarze – seine Linienführung überzeugte selbst verwöhnte Käuferschichten.

Auf den ersten Blick sieht der Cadillac El Camino wie ein typischer amerikanischer Straßenkreuzer aus. Auf den zweiten Blick wird man feststellen, dass es sich bei der 1954 realisierten Studie „nur“ um einen Zweisitzer handelt. Und drittens überrascht der El Camino mit einer Kunststoffkarosserie!

Unter dem Zeichen der Gigantomanie stellten Amerikas Automobilbauer in den 1950er-Jahren immer größer werdende Straßenkreuzer auf die Räder. Cadillacs Eldorado rollte 1958 mit einer Gesamtlänge von etwa sechs Metern über die Highways – oder wie hier aus dem Fotostudio.

Briggs Cunningham – seines Zeichens Millionär – machte das Unmögliche möglich. Er brachte 1949 beim 24-Stunden-Rennen von Le Mans einen Cadillac an den Start! Das Zeug zum Siegen hatte der Hubraumriese nicht, aber vier Jahre später brachte Cadillac unter der Bezeichnung „Le Mans" dieses Sondermodell auf den Markt – unter der Haube blubbert ein 5,2 Liter großer V8-Motor.

CORVETTE
4-4-63
CHEVROLET

Die Corvette – hier ein Modell von 1961 – veränderte Amerikas Automobilwelt über Nacht. Das Auto mit der sportlichen Ausstrahlung schlug in der ersten Sechszylinder-Version (1953) fehl. Erst als man dem strammen Roadster europäischen Formats ein V8-Aggregat implantierte (1956), war sein Siegeszug nicht mehr aufzuhalten.

Mit dem Erscheinen der Corvette Sting Ray läutete Chevrolet 1963 den nächsten Generationenwechsel ein. Der von 1963 bis 1967 gefertigte Bolide stand als Doppelpack in den Showrooms der Händler – er wurde sowohl offen als auch geschlossen angeboten. Das elegante „Split Window" beim Coupé gab es übrigens nur im ersten Modelljahr.

Schade, dass der Fotograf dieser Szene keinen Farbfilm parat hatte. Chryslers Baureihe „Town & Country“ – hier ein Modell von 1941 – rangiert in der Kategorie der sogenannten „Woodies“. Diese Fahrzeugklasse war in den USA überaus beliebt – ihr Spitzname wurde von den mit Holz beplankten Türen abgeleitet.

Die mit Holz beplankten Türen stehen dem offenen „Woodie“ außerordentlich gut. Der 1950 gebaute Wagen – ein Chrysler der „Town-&-Country“-Serie – verfügt in dieser Ausführung über ein voll versenkbares Verdeck. Es ist absolut wetterfest und lässt sich mit wenigen Handgriffen leicht öffnen beziehungsweise schließen.

Die Modellpalette der 1950er-Jahre: Bevor Dodge selbst Automobile auf die Räder stellte, hatten die Gebrüder Dodge als Zulieferer von Autoteilen für Ford ein Vermögen verdient. Dodge wurde in den 1920er-Jahren in den Chrysler-Konzern integriert – deshalb darf die schwarze Chrysler-300-Limousine mit aufs Bild.

Brave Familienwagen heißen Nomad. Zumindest bei Chevrolet. Unter der flotten Verpackung gaben etwas „kleinere" V8-Motoren mit Hubräumen zwischen 3,9 und 4,3 Liter den Ton an. Die für amerikanische Verhältnisse ungewohnte Karosserie – eine Mischung aus Kombi und Limousine – überzeugte mit einem voluminösen Gepäckraum.

Für Sie, meine Damen! Drei Jahre lang (1955–1957) wurde der Dodge La Femme gebaut. Die Erkenntnis, dass Frauen immer mehr Interesse an Autos zeigten, gab diesem „Damenmodell" durchaus Berechtigung. Zumindest dachten das die Marketingexperten. Natürlich wurde der bequeme Wagen auch von „ihm" gelenkt – das pinkfarbene Interieur war kein Hindernis.

Autofahren wird zum Kinderspiel – der jungen Dame macht das Lenken ihres Hubraumriesen Spaß, denn in den Golden Fifties verfügten amerikanische Automobile bereits serienmäßig über Annehmlichkeiten wie Automatikgetriebe und Servolenkung. Die Panoramaverglasung und eine durchgehende vordere Sitzbank rundeten die Ausstattung ab.

Viele Amerikaner, die in den ersten Nachkriegsjahren ein praktisches und zweckmäßiges Fahrzeug suchten, entschieden sich für den Ford Six Fordoor. Die Optik der pontonförmig konzipierten Limousine (1948–1950) war gewöhnungsbedürftig, denn sie nahm eine Stilrichtung vorweg, die erst ein paar Jahre später modern wurde.

Der Ford Six Convertible – das offene Gegenstück zur Six-Fordoor-Limousine – zählte gewiss nicht zu den agilsten, aber immerhin zu den bequemsten Fahrzeugen seiner Zeit. Für den 1950er-Modelljahrgang war optional ein Automatikgetriebe lieferbar: So wurden Langstreckenfahrten zum Genuss.

Der neidvolle Blick der Nachbarn ist dieser Thunderbird-Besitzerin sicher. Und Neid kam auch im Hause Ford auf, als der erste amerikanische Sportwagen, die Corvette, 1953 bei Chevrolet auf die Räder gestellt wurde – Fords Thunderbird erblickte erst zwei Jahre später das Licht der automobilen Welt.

Nicht nur die Jugend träumte vom Ford Thunderbird, auch jung gebliebene oder alle, die gern Rock 'n' Roll tanzten, machten in – oder mit – diesem Wagen eine gute Figur. Das Hardtop mit dem Bullaugen-Fenster steht dem Thunderbird ausgezeichnet: Es verwandelt das flotte Cabrio mit wenigen Handgriffen in ein wetterfestes Coupé.

Der Markt war offen – Sportwagen fanden in den 1950er- und 60er-Jahren in den USA reißenden Absatz. Als sich Thunderbird und Corvette etabliert hatten, stand 1964 mit dem Mustang von Ford die nächste Überraschung zum Start bereit. Zielgruppe dieses Modells waren vor allem jüngere und finanziell gut situierte Enthusiasten.

Obwohl bei Dodge in den 1960er-Jahren keine Sportwagenproduktion zur Debatte stand, überraschte der amerikanische Automobilhersteller 1968 mit einer ultraflachen Studie. Der Charger III genannte Wagen, den die brünette Schöne hier offensichtlich als Beach-Car nutzt, sorgte für reichlich Aufmerksamkeit – das konnte dem Image keineswegs schaden!

Als Mercury 1969 mit dem Marauder eine neue Modellreihe lancierte, entstand eines der interessantesten Hardtop-Coupés aller Zeiten – sofern man sich am amerikanischen Geschmack orientiert. Wer Spaß am Leben oder Autofahren haben wollte, kam an diesem Wagen nicht vorbei. Die Grundausstattung wurde mit einem 6,4 Liter großen V8-Motor bestückt, die Sportversion profitierte von einer 7 Liter großen und 365 PS starken Maschine!

Nicht alle Träume werden wahr. Leider ging der 1956 als Studie gezeigte Golden Rocket nicht in Serie. Oldsmobile ließ das Projekt in der Versenkung verschwinden, der avantgardistisch gestylte Zweisitzer mit großzügiger Panoramaverglasung erschien wohl zu gewagt.

Er existiert noch! Der Pontiac Bonneville Special, der 1954 nur zwei Mal gebaut wurde, ist nach wie vor ein Hingucker. Seine aggressiv gestylte Front, sein bulliger V8-Motor und sein mit unzähligen Instrumenten bestücktes Armaturenbrett betonen den sportlichen Charakter.

Individuell und praktisch – Kombis, Vans und Freizeitautos

Mittlerweile ist die Fahrzeugklasse der Kombis, Großraumlimousinen, Pick-ups, Station-Wagons, Geländewagen, oder wie immer diese durchaus praktischen Modelle heißen mögen, aus dem Straßenbild nicht mehr wegzudenken. Sie sind salonfähig geworden, und während Kombis früher als Handwerker-Fahrzeug abgestempelt wurden, trifft man sie zunehmend in der Klasse hochwertiger Lifestyle-Modelle an. Einen ersten Ansatzpunkt zum „Edelkombi" gab es übrigens schon in den 1960er-Jahren, als Aston Martin den sportlichen Typ DB6 in einer Kleinserie (zwölf Stück) als exklusiven Jagdwagen – „Shooting Brake" genannt – auflegen ließ.

Inspiriert von den eleganten Nomad-Station-Wagons, die Chevrolet von 1955 bis 1957 in Amerika gebaut hatte, entwickelten zunehmend auch europäische Automobilhersteller diverse Kombimodelle. Saab definierte seine erste Kombi-Konstruktion, das Modell 95, anfangs ganz vornehm als schwedischen Gutsherren-Wagen, den „Herrgardsvagn". Sein innovatives Innenraumkonzept ermöglichte die Nutzung als Zwei-, Fünf- oder Siebensitzer. Der Saab 95 war ein großer Erfolg: Über 110.000 Fahrzeuge dieser Baureihe wurden verkauft. Äußerlich war der Saab 95 bis zur Fahrzeugmitte mit dem Typ 93 identisch, doch der legendäre schwedische Designer Sixten Sason, der auch die berühmte 6x6-Hasselblad-Kamera gestaltete, hatte das Heck komplett neu gezeichnet. Der im Mai 1959 offiziell vorgestellte Prototyp des Saab 95 hatte noch an der B-Säule angeschlagene Türen. Dieses Konzept wurde aber bis zum Start der Serienproduktion gegen Ende des Jahres geändert, die Türen wurden vorn an der A-Säule fixiert.

Die junge Dame war offensichtlich erstaunt, als sie 1959 für Werbeaufnahmen vor diesem Wagen posieren sollte. Saab-Käufer waren es auch, denn bei diesem Modell handelte es sich um den ersten Kombi, den Saab auf den Markt brachte. In der Pressemitteilung wurde der Saab 95 übrigens nicht als Kombi, sondern ganz vornehm als „herrgardsvagn" (Gutsherren-Wagen) bezeichnet.

Wie der frühe Saab 95 waren auch Kombis anderer Hersteller oft ein Teile- und Komponentenmix aus verschiedenen Modellen – Opel nannte seinen Kombi „Caravan", bei Volkswagen hieß er „Variant" und DKW nannte ihn „Universal". Das Innenraumkonzept dieser Fahrzeuggattung aber basierte stets auf derselben Idee und ermöglichte beispielsweise eine Nutzung als Zwei- oder Fünfsitzer (jeweils mit Gepäckzuladung) sowie auch als Siebensitzer (ohne Zuladung). Beim Siebensitzer wurde im Kofferraum ein Sitz hochgeklappt – hier saßen dann überwiegend Kinder mit dem Rücken zur Fahrtrichtung.

Auch der Geländewagen – er wird heutzutage eleganter als „4x4-Fahrzeug" bezeichnet – geht auf amerikanische Ursprünge zurück. Natürlich ist der legendäre Jeep, dessen Geschichte 1940 unter kriegerischen Vorzeichen begann, das Original, das vielen Geländewagen-Herstellern als Vorbild diente – und damit das ganz deutlich wird, heißt die Marke nicht einfach Jeep, sondern korrekt: Jeep®. Das kleine R im Kreis ® adelt Jeep® zum „registered trademark", zum „eingetragenen Handelszeichen". Anders gesagt: Auch andere bauen Geländewagen, aber nur Jeep® baut den Jeep®. Woher jedoch der Name Jeep stammt, wird noch immer heiß diskutiert und lässt sich wohl nicht abschließend klären. Die Herkunft des Namens Jeep stützt sich im Wesentlichen auf die Theorie, Jeep sei die lässige Aussprache der Abkürzung „GP", die aus der militärischen Gattungsbezeich-

„Manche mögen's heiß" war einer der populärsten Filme, in denen Marilyn Monroe die Hauptrolle spielte. Heiß her ging es wohl auch bei diesem Werbefoto für den 1948 vorgestellten und immer noch gebauten Land Rover – bestbezahlte Mannequins und Models gaben sich schon damals bei den Automobilherstellern die Klinke in die Hand.

nung General Purpose Vehicle (Universal-Fahrzeug) entstand. Erstmals erfuhr ganz Amerika vom neuen Army-Gefährt im Februar 1941. Nachdem man der „Washington Daily News" vorgeführt hatte, was dieses Auto alles konnte, und die Stufen des Kapitols in Washington emporgeklettert war, hieß die knappe Antwort auf die Frage nach dem Namen: „It's a Jeep." Für den militärischen Bedarf waren bis 1945 rund 588.000 Exemplare vom Band gelaufen. Nach Ende des Kriegs kehrten die GIs in die USA zurück. Sie hinterließen außer einem befreiten Europa und gebrochenen Fräulein-Herzen eine gewaltige Menge Jeeps, deren Rücktransport sich finanziell nicht lohnte. Und so half der Jeep in den ersten Nachkriegsjahren entscheidend mit, zerbombte Städte wiederaufzubauen. War der Willys Jeep der Pionier aller Geländewagen, so sollte sein Name noch eine weitere Fahrzeuggattung ins Leben rufen, die immer mehr an Attraktivität gewinnt: 1946 erschien der Vorreiter des modernen SUV (Sport Utility Vehicle), der Jeep Station Wagon. Er war der Welt erster Kombi mit Ganzstahl-Karosserie und kombinierte den unerreichten Wiedererkennungswert der Jeep-Frontpartie mit einem großen Laderaum oder sieben Sitzplätzen. Dass es sich bei ihm nicht um ein reines Nutzfahrzeug, sondern eben um einen Wagen für eine breitere Käuferschicht handelte, machte sein vergleichsweise luxuriöser Innenraum deutlich: Sitze und Innenverkleidungen waren mit Stoff bezogen. Der Begriff „Sport Utility" war kaum geboren, da wagte Willys schon einen weiteren Schritt in Richtung heutiger Freizeitspaß-Geländewagen: Mit dem Willys Jeepster rollte 1948 eine Jeep-Version vom Band, die mit ihrem Aufbau als zweitürige Cabrio-Limousine unmissverständlich deutlich machte, wozu man sie am besten gebrauchen konnte: Fun, fun, fun!

Ein ähnlicher Karrieretyp dieser Fahrzeuggattung war und ist der britische Land Rover, dessen Name bis 1990 mit Bindestrich geschrieben wurde. Er erschien 1948 auf der Amsterdam Motor Show und war – anders als der Willys – kein militärisches Ziehkind, sondern ein waschechter Zivilist. Rover wollte quasi einen „Rover für den Farmer, mit dem er überall hinkommt und alles machen kann, einen universellen Land Rover eben". Der „Landy" war vom Start weg ein Erfolg: Schon zwei Jahre nach seiner Premiere wurde er in 70 Länder exportiert. 1954, nach Einführung einer Variante mit langem Radstand, war der Alleskönner erstmals auch mit festem Dach und vier Türen erhältlich. Im September 1958 schuf ein Team von Spezialisten unter der Leitung von Harold Dovey in Solihull den Aufbau für ein Spezialfahrzeug, das unter dem Namen „State II" bekannt wurde. Es knüpfte an frühere Land Rover an, die ebenfalls zu Zeremonien- oder Paradewagen umgebaut worden waren – beispielsweise für den königlichen Staatsbesuch 1954 in Australien. Da der Wagen Mitglieder des Königshauses chauffieren sollte, erhielt er eine weinrote Lackierung und ein für die damalige Zeit extrem luxuriöses Interieur mit dunkelblauem Leder. Während der Kühlergrill eine ungewöhnliche Form hat und an spätere Lösungen der Serie III erinnert, besitzt das 70 PS starke Paradefahrzeug (Spitze 105 km/h) einen einzigartigen Metallüberzug an Frontstoßfänger und Nabenkappen. Die blauen Gläser der vorderen Seitenlampen sind ein weiteres Indiz für die Zugehörigkeit zum royalen Fuhrpark: Traditionell leuchtet blaues Licht, wenn ein Mitglied der königlichen Familie an Bord ist. Mit Frank Spalding beschäftigte Land Rover sogar einen Fahrer, der ausschließlich für die königliche Flotte zuständig war. „State II" fungierte als Ersatz-Zeremonienfahrzeug und wurde im Fuhrpark des Land-Rover-Werks ständig bereitgehalten. Da es nur selten zum Einsatz kam, beträgt der Tachostand lediglich 13.000 Meilen – knapp 21.000 Kilometer.

Eine weitere interessante Fahrzeugklasse ist der Pick-up oder Pritschenwagen. Die Amerikaner machten ihn schon in den 1920er-Jahren populär. Auch die französischen Bauern fuhren ihn gern. Im restlichen Mitteleuropa führten Pick-ups seit eh und je ein Außenseiterdasein. Dabei basierten alle diese Vehikel mit reichlich Ladefläche auf normalen Personenwagen. In den Staaten und in Australien liefen und laufen sie übrigens unter der Bezeichnung Truck. Einem „richtigen" Truck können sie allerdings nicht das Wasser reichen: Ihre Ladekapazität ist auf etwa eine Tonne Zuladung begrenzt – mehr lässt das als Ausgangsbasis genutzte Pkw-Chassis in der Regel nicht zu. Mit dem Volkswagen Caddy und einer Reihe japanischer Pick-up-Varianten trat in den letzten Jahren eine Renaissance dieser Fahrzeugkategorie ein.

Ein Außenseiter der Automobilgeschichte darf in diesem Rückblick nicht fehlen – der Volkswagen Transporter. Er hatte 1947 als kantiger Prototyp das Laufen gelernt, weil es auf den europäischen Automobilmärkten der Nachkriegszeit einen gigantischen Boom bei praktischen Mehrzweckautomobilen gab. Nach einer beispiellosen Karriere, die dem ersten Volkswagen Transporter, dem T1 (1950 bis 1967), viel Ruhm und Ehre verschaffte, stand schnell fest, dass dieses universelle Transportmittel wie der VW Käfer ein klassenloses Auto war. Es taugte gleichermaßen für die Arbeit wie für die Freizeit und zeigte Profil, wo es nur konnte. Sein Spitzname „Bulli" fand allerdings keinen Eingang in die Verkaufsunterlagen. So durfte der VW Transporter nämlich offiziell nicht heißen, weil sich die Mannheimer Traktorenfirma Lanz den Namen „Bully" (mit „y") schützen ließ. Egal, wo der T1 auftrat: Er bewährte sich überall mit Bravour. Ob im Handel oder Handwerk, bei Post, Polizei oder Bahn, Feuerwehren oder Krankenhäusern und auch in der Hippie-Szene: auf den praktischen, flinken und vielseitigen „Bulli" war Verlass. Er war – je nach Aufbau – Großraumlimousine, Campingmobil, Servicewagen, rollendes Büro und vieles mehr. In seiner schönsten Form als „Campingbox" leistete er seinen Beitrag zum individuellen Reisen: Denn in den 1950er-Jahren wuchs der Wunsch nach einem Urlaub außerhalb der eigenen vier Wände immer mehr. Ursprünglich wurde die Campingbox 1951 bei Westfalia in Wiedenbrück für die große Bewegungsfreiheit eines britischen Offiziers in Deutschland kreiert. Seine Bestellung war einfach: ein VW Transporter mit Wohneinrichtung. Diese sollte ordentlich im Bulli verbaut und gleichermaßen als Schlaf-, Wohn- und Arbeitsraum geeignet sein. Eine Zeitgeistkombination, so treffend wie die Faust aufs Auge: Man nehme einen Bulli-Bus, verpasse ihm zwischen B- und C-Säule eine Doppeltür und installiere hinter den Vordersitzen variable Möbelelemente und eine Dekoration nach Art des Hausherren oder dem Geschmack der Dame des Hauses – zum Beispiel hübsche Scheibengardinen, nett angerüscht und passend zum Karomuster im Interieur. Eine Schlafcouch, ein Klapptisch, eine Sitzbank, ein Jalousieschrank und ein Sideboard mit Fach für einen Benzinkocher komplettierten das Ensemble im Innern des Bullis.

Auf diese Weise ausgestattet, avancierte die Campingbox zum Traumwagen der 1950er-Jahre: Schließlich war der Bulli so ein Multitalent, wie es damals an fast allen friedlichen Fronten gefragt war: verwendbar als Hotel auf Rädern, unterwegs zur „Endstation Sehnsucht“ am nächsten Weiher, nach Grömitz, Garmisch und Rimini. Und schnell konnte er flott gemacht werden für den Einsatz als unermüdlich rackernder Transporter für den Wandel der jungen Republik durch Handwerk und Handel: Denn die Campingbox war mit wenigen gezielten Handgriffen aus dem Bus entfernbar – und nun konnte der Raum zwischen Motor und Vordersitzen äußerst vielseitig genutzt werden. Der große Markterfolg blieb dem Bulli mit Campingbox allerdings zunächst verwehrt. Müßiggang war das Gegenteil von dem, was die Zeit verlangte. Harte Arbeit und wenig Geld charakterisierten die frühe Phase des bundesrepublikanischen Wirtschaftswunders. Dennoch kam die Fertigung in Gang. Immer häufiger fanden sich nun Interessenten, die bereit waren, neben dem Grundpreis für einen Transporter in Höhe von knapp 6.000 DM zum Beispiel 600 DM für das Sideboard oder 125 DM für einen Kleiderschrank in der Campingbox auszugeben. Für 62,50 DM gab es den Wasch- und Rasierschrank, der an der Doppel-Flügeltür befestigt wurde. Die erste Ausbaustufe der Campingbox von 1955 wurde „Export“ getauft. Sie ist erkennbar an einer Dachklappe im vorderen Teil des Daches und an einer stabilen Gepäckbrücke dahinter. Zehn Jahre lang blieb die Campingbox im VW-Programm und wurde als Traumwagen immer traumhafter ausgestattet – schließlich sogar mit einem Gaskocher im Sideboard. Als geradezu dekadenter Ausdruck neuen Wohlbefindens konnte auch eine Bordbar mit Plexiglashaube geordert werden. Zehn Cocktailbecher gehörten zum Lieferumfang der mobilen Minibar, die fest auf einem Serviertisch stand. 1957 übernahm Volkswagen die komplette Montage des VW Campingwagens mit Westfalia-Ausstattung in eigener Regie und schon zwei Jahre später lief der tausendste Camper vom Band. Zu Beginn der 1960er-Jahre produzierte Volkswagen zehn Campingwagen pro Tag. Viele Interessenten verabschiedeten sich allerdings aufgrund der Kosten von der Idee, einen Campingbus zu besitzen – bis „Mosaik“ den Markt revolutionierte. Dabei handelte es sich um ein Möbelprogramm für Heimwerker, die sich einen gebrauchten Bulli nach eigenem Gusto ausstatten und dabei sparen konnten.

Blick in die gute Stube: 1951 offerierte die Firma Westfalia auf Basis des Volkswagen-Transporters die sogenannte „Campingbox“. Die Qualitäten des Vorläufers moderner Wohnmobile hatten sich schnell herumgesprochen: Man sah das „Hotel auf Rädern“ in der Wüste ebenso wie am Nordseestrand. Für viele Weltenbummler ist es nach wie vor das Nonplusultra seiner Klasse.

VOLVO
O 5917

In der Urversion als Austin Mini Clubman hat die Kombi-Variante des legendären Mini längst Geschichte geschrieben. Allem Anschein nach werden hier gerade Delikatessen ausgeliefert. Dank seiner „Größe“ ist der Clubman für den Londoner Stadtverkehr geradezu prädestiniert. Unter der Regie von BMW lebt die Legende seit dem Jahr 2007 weiter – der neue Clubman versucht gerade, in die Fußstapfen seines Vorgängers zu treten.

Seite 100: Praktische Kombis heißen Duett, zumindest bei Volvo. Im Unterschied zur Limousine, die nach dem Prinzip der selbsttragenden Karosserie gefertigt wurde, basiert der Duett (1953–1969) auf einem soliden Kastenrahmen-Chassis. Damit lässt sich (fast) jedes Transportproblem lösen – darüber hinaus ist der ladefreundliche Schwede ein perfektes Freizeitfahrzeug.

Fast 20 Jahre lang rundete der Nuova 500 Fiats Modellpalette nach unten ab. Als der Turiner Automobilhersteller den populären Wagen 1957 präsentierte, konnte man zwischen Limousine und Kombi, dem sogenannten „Giardiniera", wählen – auch heute noch, mehr als drei Jahrzehnte nach Produktionsende, ist das Wägelchen auf Italiens Straßen anzutreffen.

Vier Jahre lang, von 1950 bis 1953, blieb diese Ausführung des Opel Olympia in Produktion. Während Familienväter mit einer Limousine oder gar einer Cabrio-Limousine liebäugelten, schwärmten Handwerker und Selbstständige vom praktischen Kastenwagen.

Seite 104: Ein neues Auto aus einer neuen Fabrik. Der Opel Kadett „A" (1962–1965) lief nicht in Rüsselsheim, sondern in dem neu errichteten Bochumer Zweigwerk vom Band. Für viele Kaufinteressenten war der Kadett eine echte Alternative zum Käfer – den Kadett gab es als Caravan (so nannte Opel den Kombi), den Käfer nicht.

EI-J 567

1961 präsentierte Volvo mit dem P 1800 einen sportlich angehauchten 2+2-Sitzer. Es bedurfte nur weniger Modifikationen, um das Coupé in einen eleganten Kombi zu verwandeln. Die mit einer großzügig verglasten Heckklappe ausgestattete Lifestyle-Version lief von 1971 an zwei Jahre lang vom Band. Zu haben war der P 1800 ES übrigens auch in der Trendfarbe der 1970er-Jahre: Braun – beziehungsweise, wie hier, in Goldbraun-Metallic!

Beruhigt in den Winterurlaub – der „Sicherheit aus Schwedenstahl" kann man vertrauen. Volvos Baureihe 121 punktete nicht nur in nordischen Ländern: Die qualitativ gute Verarbeitung des im Volksmund „Amazon" genannten Modells überzeugte in Europa ebenso wie in den USA. Volvo brachte den Wagen von 1956 bis 1970 als Limousine und als Kombi (Duett) auf den Markt.

O 33093

Die Fahrt im offenen Land Rover scheint „Her Majesty – The Queen“ nicht gerade zu begeistern – die stilsichere Hutträgerin bevorzugt normalerweise den Komfort nobler Limousinen. Trotzdem wird dieser „Landy“ mit royaler Extraausstattung regelmäßig genutzt. Er gehört zum königlichen Fuhrpark, ist weinrot lackiert und mit blauem Leder ausgestattet.

Seite 108: In Sachen Automobilgeschichte haben die Niederlande nicht gerade viel zu bieten. Ihr 1958 vorgestellter Daf, der von „Doorne's Automobielfabrieken“ (einer ehemaligen Anhängerfabrik) gebaut wurde, verfügte als Besonderheit über ein automatisches Keilriemengetriebe – man nannte es vornehm Variomatic. Als Volvo Anfang der 1970er-Jahre ein Drittel des Kapitals übernahm, wurden alle Modellvarianten einschließlich des Kombis unter der Bezeichnung Volvo 66 weitergebaut.

Tauglichkeitsgrad „ungeeignet" hieß es für das Mini Moke, das 1964 als militärischer Ableger des legendären Kleinwagens vorgestellt wurde. Dafür machte der offene Mini als Beach-Car und auf dem Golfplatz eine bessere Figur – die erste Serie des simplen Viersitzers wurde bis 1968 gebaut.

Links: Mit dem „Plein Air" das Strandleben genießen! Für Besitzer dieses Renault-4-Sondermodells kein Problem. Der türlose Wagen für Frischluftfanatiker kam 1969 auf den Markt und begeisterte vor allem die jüngere Käuferschicht. Neben dem besonderen Fahrvergnügen profitierten Plein-Air-Besitzer noch von einer technischen Verbesserung: Seit 1968 verfügt der Renault 4 über ein vollsynchronisiertes Getriebe.

Seite 112: Mit dem Pick-up an den Strand – theoretisch rangiert der „½ -Tonner", den GMC (General Motors Commercial) seit 1948 baut, in der Kategorie kleiner Nutzfahrzeuge. Natürlich lassen sich mit dem Mini-Truck – hier ein Modell der Serie 100 anno 1956 – und der Kraft eines Achtzylindermotors auch leichte Lasten transportieren: Die Einladung zum Grillen nimmt die junge Dame gern an.

GMC

Acht Millionen Renault-Fahrer konnten sich nicht irren – das Konzept des Renault 4 (1961–1992) war einfach genial. Die hohe, kastenförmige Konstruktion mit vier Türen und der praktischen Heckklappe überraschte mit günstigen Betriebskosten. Außerdem hatte sie einen hohen Nutzwert. Wie es aussieht, wird hier gleich von der herausnehmbaren Rücksitzbank Gebrauch gemacht.

Das klappbare Minifahrrad ist Geschichte, der Freizeitradler von heute tritt in die Pedale seines Mountainbikes. Der geräumige Kombi, ein Peugeot 404 (1960–1975), wird auch nicht mehr gebaut. Es wird schwer sein, ein gut erhalten gebliebenes Exemplar zu finden – beide Fortbewegungsmittel sind rar und von Sammlern heiß begehrt.

Amerikas Antwort auf den Volkswagen-Transporter hätte „Universelle Truck" heißen können. Leider ging der in schrillem Metallic-Rot lackierte und mit Flügeltüren ausgestattete Hubraumriese nie in Serie. General Motors ließ das 1955 gezeigte Einzelstück in der sprichwörtlichen Schublade verschwinden – schade, dass niemand die universellen Eigenschaften dieses mit Plüsch ausgeschlagenen Gefährts erkannt hat.

Seite 114: Wie sich die Zeiten ändern: Als dieser Saab 1967 ins Fotostudio geschoben wurde, verabschiedete der schwedische Automobilhersteller gerade die Ära der Zweitaktmotoren. Ab nun wurden alle Saab-Modelle mit Viertaktaggregaten bestückt. Den Damen war's egal – mit einem bonbonfarbenen Outfit und einer hochgesteckten, perfekt sitzenden Frisur lag man nach wie vor goldrichtig!

Der „T1" – so wird die erste von 1950 bis 1967 gebaute VW-Transporter-Generation genannt – ist ein perfekter Alleskönner. Unter dem Spitznamen „Bulli" überzeugte die multifunktionale Konstruktion Handwerker ebenso wie Behörden. Auch die Lufthansa wusste den Transporter zu schätzen. Sie setzte das wirtschaftliche Fahrzeug unter anderem als Servicewagen auf dem Vorfeld ein.

„Nimm mich bitte mit nach Italien, nimm mich bitte mit ans blaue Meer …": Für alle, die zwar wegfahren wollten, aber (noch) keinen eigenen Wagen besaßen, kam der „Samba-Bus" gerade zur richtigen Zeit. Volkswagen präsentierte diesen offiziell „Fensterbus" genannten Transporter 1951 – die beliebte Bulli-Variante ist für acht Personen zugelassen.

Hauptsache sportlich – flotte Roadster und elegante Coupés

Klassische Sportwagen erfreuen sich weltweit eines Renommees wie keine andere PKW-Klasse. Immer öfter erzielen rare Modelle oder Wagen mit einer besonders interessanten Vorgeschichte auf Auktionen Preise, die den ursprünglichen Anschaffungswert um ein Vielfaches übersteigen. Bestimmte Typen – bzw. deren Chassis- oder Motornummern – wurden sogar schon getürkt und gefälscht – wie die van Goghs oder die Tintorettos der Kunstszene. Die Zahl der ernsthaften Sammler hält sich naturgemäß in Grenzen – die Zahl der zum Schwärmen Verdammten ist ungleich größer. Studiert man die Verkaufsanzeigen der einschlägigen Motorpresse, liegt manchmal die Vermutung nahe, dass von dem einen oder anderen Modell mittlerweile mehr Exemplare existieren, als jemals gebaut wurden. Finanziell nicht so gut situierten Sportwagenfans, die sich keinen historischen Porsche oder Lamborghini leisten können, eröffnet sich das weite

Mit Heckflossen amerikanischen Formats kann das Auto Union 1000 Sp Coupé nicht protzen, aber die dezent angedeuteten „Peilstege" stehen dem flott gestylten Wagen (1957–1965) ausgezeichnet. Die Auto Union brachte das vor allem bei Damen beliebte Fahrzeug auch als Cabriolet auf den Markt. Grund genug, dass „Sie" auf Werbefotos oft im Mittelpunkt steht.

Feld der Devotionalienkunst – beispielsweise in Form interessanter Originalprospekte. Die Zeit, in der solche Unterlagen nichts anderes als wertloses Altpapier waren, ist längst vorbei. Was ist es, was einem Sportwagen – möglichst mit zwölf Zylindern – dieses spezielle Image verleiht und ihn so begehrenswert macht? Jeder weiß, dass Sportwagen Mängel und Schwächen wie jedes andere Auto auch haben – eher noch mehr. Das Charisma gewisser Marken – zum Beispiel Ferrari – hängt wohl auch mit der außerordentlichen Persönlichkeit ihrer Erbauer zusammen.

In seinen Memoiren schrieb Enzo Ferrari, dass er als kleiner Junge entweder Opernsänger, Journalist oder Rennfahrer werden wollte. Er wurde Rennfahrer. Doch sein Talent war mehr das Organisieren. 1929 machte er sich in seiner oberitalienischen Heimatstadt Modena selbstständig. Seine „Scuderia Ferrari" setzte die Rennwagen seines ehemaligen Arbeitgebers, Alfa Romeo, ein. An den Flanken der dunkelroten Boliden prangte bereits das Ferrari-Pferd; der schwarze Rappe auf gelbem Grund. Das als „cavallino rampante" bekannt gewordene sich aufbäumende Pferd zählt heute zu den bekanntesten Markenzeichen überhaupt.

Enzo Ferraris Lebensinhalt waren Autorennen. Schon bald stellten sich Erfolge ein, und als wohlhabende Herren mit dem Wunsch nach einem Sportwagen für den zivilen Gebrauch bei ihm vorstellig wurden, stießen sie beim Commendatore zunächst auf Unverständnis: Denn in seinen Augen war ein Ferrari nicht für den Boulevard, sondern für die Rennstrecke geschaffen. Aber da die Herren mit reichlich Geld winkten, war der Commendatore schließlich bereit, seine Prinzipien zu relativieren.

Von den exklusiven Marken abgesehen, waren für manche Großserienhersteller Straßensportwagen kaum mehr als ein notwendiges Übel. Sie konnten zwar tolle Motoren bauen, aber das „gewisse Etwas", das einen elegant gestylten Sportwagen ausmacht, lag

Knapp geschnitten und sexy – mit dem Opel GT brachte der Rüsselsheimer Automobilhersteller endlich Pep ins Programm! Das Design des stylischen Zweisitzers (1968–1973) orientierte sich an der Corvette und die entsprach – zumindest in den USA – absolut dem Zeitgeschmack. Fazit: Kein schlechter Wurf für ein Automobil, das ursprünglich nur als Experimentierfahrzeug auf die Räder gestellt wurde.

außerhalb ihrer Kunst: Daher übertrugen sie diese Aufgabe renommierten Karosserieschneidern. Die Sache hatte jedoch einen Haken: Oft verbarg sich hinter dem attraktiven Erscheinungsbild alles andere als fortschrittliche Technik. Nicht wenige Straßensportwagen der 1950er- und 60-Jahre sind Musterbeispiele für schwergängige Lenkung, unterdimensionierte Bremsen und manchmal auch unzuverlässige Elektrik. In dem amerikanischen Magazin „Road and Track" heißt es in einer Ausgabe des Jahrgangs 1966: „Jedermann weiß, dass Sportwagen teuer sind. Was nicht jeder weiß ist, dass ein Sportwagen-Fahrer so viel Geduld benötigt, wie die Italiener Temperament haben; und dass manche Karosserien, Instrumente und Zubehörteile kein bisschen besser sind als bei Autos, die den halben Preis kosten …" – Harte Worte. Reiche Playboys aus der High Society störte das allerdings anscheinend nicht im Geringsten: Sie taten fast alles, um einen sagenumwobenen Zwölfzylinder-Sportwagen ihr Eigen zu nennen.

Viele Sportwagenmarken sind längst Geschichte. Die Anzahl der noch in Italien existierenden Hersteller ist überschaubar geworden und auch auf der britischen Insel gibt es nur noch eine Handvoll bekannter Namen – zum Beispiel Jaguar. 1948 feierte der Jaguar XK 120 – der Urahn der legendären XK-Baureihe – seine Weltpremiere.

Eigentlich wollte Jaguar-Chef William Lyons auf der London Motor Show die neue Mk VII-Limousine präsentieren. Doch weil sie nicht rechtzeitig fertig wurde und ihm daher ein echter „Hingucker" fehlte, stellte eine kleine Mannschaft von Spezialisten in nur sechs Wochen einen von Lyons selbst gezeichneten Sportwagen auf die Räder. Aus der Notgeburt wurde ein Traumwagen: Der als Roadster gezeigte Neuling verzückte das Publikum auf Anhieb und machte Jaguar auf dem bis heute für die Marke entscheidenden US-Markt zu einer festen Größe. Vor allem die betörenden Formen des Wagens zogen jeden Betrachter auf Anhieb in seinen Bann: Es schien, als habe Lyons den Körperbau und das Jagdverhalten des vierbeinigen Vorbilds 1:1 nachgebildet: Die hinteren Kotflügel schoben sich wie bei der Raubkatze zum Vorwärtssprung zusammen, während sich die vorderen schon weit nach vorn streckten. Der Jaguar XK 120 war der Kurvenstar der 1950er-Jahre, eine rollende Skulptur – die Serienproduktion war angesichts der begeisterten Reaktionen schnell beschlossen. Der XK 120 veränderte die bis dahin herrschenden Erwartungen der Kunden an einen Sportwagen grundlegend: Er war nicht ruppig und laut, sondern sehr kultiviert. Der Motor schnurrte geschmeidig, das Fahrwerk federte souverän ab. Und zum Betätigen des Schaltgetriebes und der Lenkung brauchte es keinen Männer-Bizeps. Zudem war der Wagen verblüffend alltagstauglich: Der Motor vertrug sowohl langsames Dahingleiten im hohen Gang als auch niederoktaniges Benzin. Der günstige Preis von 998 Pfund setzte dem Ganzen die Krone auf. 1961 sorgte ein neues Jaguar-Sportcoupé für weltweite Schlagzeilen: der Jaguar E-Type. Mit der schier endlosen Motorhaube, der seitlich angeschlagenen Heckklappe und den unter Plexiglasabdeckungen sitzenden Scheinwerfern elektrisierte er bei seinem Debüt in Genf die gesamte automobile Welt. Unter der nach vorn klappenden Haube saß der seit 1948 produzierte Sechszylindermotor, allerdings mit 3.781 ccm statt 3.442 ccm Hubraum. Nach seiner Einstellung im Jahr 1975 sollte es bis 1996 dauern, ehe mit der Unterzeile „The Cat is Back" ein neuer XK erschien. Als XK8 handelte es sich bei diesem Modell nach einer langen Reihe von Sechs- und Zwölfzylindern übrigens um den ersten Jaguar mit V8-Motor.

Das Spektrum der einst gut sortierten Modellpaletten an hinreißend gezeichneten Spydern, bretthart gefederten Roadstern und eleganten Sportcoupés hat sich heute ausgedünnt. Ehemalige Traditionsmarken gibt es zwar noch, aber das Sagen haben dort immer öfter sogenannte Investoren, die teilweise aus Fernost kommen.

Umso erfreulicher ist die Tatsache, dass ein europäischer Hersteller – Porsche – im Jahr 2008 auf sechzig Jahre Sportwagengeschichte zurückblicken konnte: Am 8. Juni 1948 wurde ein neues Kapitel Automobilgeschichte aufgeschlagen, als der erste Porsche-Prototyp mit der Fahrgestellnummer 356-001 seine Straßenzulassung erhielt. „Am Anfang schaute ich mich um, konnte aber den Wagen, von dem ich träumte, nicht finden. Also beschloss ich, ihn mir selbst zu bauen", erklärte Ferry Porsche einmal – und bis zum heutigen Tag prägt dieser besondere Tüftler- und Pioniergeist die Philosophie des Unternehmens. Die Porsche KG war wegen des Zweiten Weltkriegs von Stuttgart nach Gmünd in Kärnten (Österreich) ausgelagert worden – und dort begann Ferry Porsche in einer

Ein Ferrari ist mehr als ein Wagen mit einem sich wild aufbäumenden Pferd als Markenzeichen – ein Ferrari ist automobile Leidenschaft. Enzo Ferrari festigte den Namen des „cavallino rampante" in aller Welt und sorgte stets für Überraschungen. Der hier gezeigte 410 America ist ein Musterbeispiel an verschwenderischer Brutalität: Ein 5 Liter großer Zwölfzylinder mobilisiert 340 Pferdestärken, für den Jahrgang 1959 ein mehr als akzeptabler Wert.

Darf es etwas mehr sein? Diese Frage musste sich 1964 jeder Porsche-Fan selbst beantworten, denn Porsche hatte gerade die Weichen für die Zukunft gestellt. Während die letzten Modelle des legendären 356 in den Handel kamen, war bereits das erste Sechszylindermodell – der neue Porsche 911 – zu haben.

ehemaligen Holzfabrik mit dem Bau eines zweisitzigen Roadsters. Die Basis des ersten Porsche-Sportwagens war der von Ferrys Vater Ferdinand Porsche entwickelte Volkswagen. Schon im Februar 1948 war das Fahrgestell fertig, für das ein schnittiger Roadster-Aufbau aus Aluminium angefertigt wurde. Zur Erprobung nahm der Porsche 356 „Nr. 1" am 1. Juli 1948 am Innsbrucker Stadtrennen teil und wurde auf Anhieb Klassensieger. Die Produktion einer Kleinserie lief in der zweiten Jahreshälfte 1948 an. Schon für die ersten Sportwagen von Porsche gab es Lob von allen Seiten. Dank einer klaren Markenführung und innovativer Modelle entwickelte sich der ehemals kleine Sportwagenspezialist in rasantem Tempo zu einem der erfolgreichsten und profitabelsten Automobilhersteller der Welt. Der legendäre Porsche 356 ist längst Geschichte. Sein Nachfolger – der 911 – ist noch immer einer der begehrtesten Sportwagen überhaupt. Als die Planungen für den 911 im Jahr 1957 anliefen, standen die von Ferry Porsche definierten Eckdaten fest: Der luftgekühlte Boxermotor im Heck sollte beibehalten werden, außerdem musste der neue Sportwagen über mehr Leistung und Laufruhe verfügen. „Wir müssen problemlos ein Golfbesteck unterbringen können", lautete die Forderung von Ferry Porsche. Porsche stellte den fahrbereiten Prototypen des zunächst 901 benannten Modells 1963 auf der Internationalen Automobilausstellung in Frankfurt am Main vor. Da der französische Hersteller Peugeot die Namensrechte an dreistelligen Ziffernfolgen mit einer Null in der Mitte besaß, wurde aus dem 901 schließlich der 911: drei Zahlen, die zur großen Nummer werden und in die Geschichte eingehen sollten.

W27

603

SAS
PORSCHE
1600

Mehr geht nicht: BMWs Sportmodell 507 zählte in den 1950er-Jahren zur kleinen, aber feinen Elite sündhaft teurer Luxusautomobile. Das Pärchen auf dem Bild scheint das Leben zu genießen. Es hat sich den Traum erfüllt – für 26.500 DM. So viel kostete Deutschlands elegantester Achtzylinder 1955.

Ab in die USA? Amerikanische Sportwagen-Enthusiasten wussten die Qualität des Porsche 356 Speedster zu schätzen. Mit einem 1,5 Liter großen Carrera-Motor bestückt lief das Modell locker 200 km/h. Diese Konfiguration begeisterte auch James Dean – er war einer der populärsten Porsche-Fahrer seiner Zeit.

Seite 122: Einmal kräftig aufs Gas drücken – der von einer Rennsportkonstruktion abgeleitete Mercedes-Benz 300 SL forderte die forcierte Fahrweise geradezu heraus! Der als „Flügeltürer" berühmt gewordene Wagen rollte in den Jahren 1957 bis 1963 auch als Roadster aus den Werkshallen. Wer ihn haben wollte, war je nach Ausstattung mit mindestens 29.000 DM dabei.

Raus aus der Stadt und hinaus aufs Land. Mit dem Opel Kadett war das Fahren ein recht preiswertes Vergnügen. Das volkstümliche Automobil, dessen zweite Serie (Kadett B) von 1965 bis 1973 vom Band lief, wurde auch als Coupé gebaut – das Motorenangebot reichte vom 45 PS schwachen 1,1-Liter-Aggregat bis hin zum 90 PS starken 1,9-Liter-Vierzylinder.

Ein 1956 herausgegebener Prospekt bringt es auf den Punkt: „Das Auto für heute und übermorgen." Das Argument hat an Gültigkeit nicht verloren – der Porsche 356 fasziniert noch immer. Er machte und macht überall eine gute Figur, im idyllischen Tirol ebenso wie auf der Route 66.

Käferfahren in der wohl schönsten Form – Dank der Initiative des Osnabrücker Karosseriebauers Karmann wurde es möglich. Der chice Wagen, der sich in zarter Damenhand besonders gut machte, kam 1955 zunächst als Coupé auf den Markt. Er basierte, wie das zwei Jahre später präsentierte Cabriolet auch, auf dem VW-Käfer und blieb bis 1974 in Produktion.

Erste Wahl: Das Mercedes-Benz 280 Coupé erschien gerade zur richtigen Zeit. Große Coupés waren in den 1960er-Jahren en vogue und wer die gut 200 km/h schnelle Exklusiv-Version der S-Klasse fuhr, durfte davon ausgehen, von Nachbarn beneidet zu werden. Für den Preis dieses Modells (1962–1967) bekam man übrigens ein halbes Dutzend VW-Käfer …

Ganz in Weiß – wovon die hübsche Beifahrerin träumt und wohin sie die Fahrt führt, wird kaum jemand wissen. Was man weiß, ist die Tatsache, dass Autofahren zur Zeit der Petticoat-Mode kein billiges Vergnügen war. Immerhin gab es Autos für jeden Geschmack – und wenn es nicht anders ging, erfüllte man sich den Traum der Mobilität in Monatsraten.

In seiner Form als viertürige Limousine versprüht der Peugeot 403 kaum Charme – als zweitüriges Cabriolet dagegen schon. Die gelungene offene Variante stand erstmals 1959 zur Probefahrt bereit. Clevere Händler hielten ein Modell mit Sonderausstattungen bereit, denn optionales Zubehör wie beispielsweise Speichenräder verliehen dem schlichten 403 einen Hauch von Luxus.

„Den nehm' ich, den nehm' ich nicht …" – nach diesem Prinzip konnten Matra-Besitzer ihre Beifahrer wählen. Damit die Entscheidung leichterfällt, darf man sogar zwei Begleiter einladen, denn Matra konzipierte den sportlichen Bagheera (1973–1980) offiziell als Dreisitzer! Zu dritt nebeneinander sitzen – diesen Luxus konnte zu Beginn der 1970er-Jahre kein anderer Wagen bieten.

Seite 132: „Floride – in guter Gesellschaft." – Als Renault das Modell Floride (1959–1968) auch auf den deutschen Markt brachte, ließ man Kaufinteressenten wissen, dass sie sich mit diesem Wagen in guter Gesellschaft befänden. Sicherlich – Brigitte Bardot fuhr diesen Wagen auch: als Cabriolet. In die USA wurde der Floride übrigens auch exportiert, allerdings kam er dort als Caravelle in den Handel.

bagheera X
OF CL 374

Mobil Aviation
Mobil Oil

302

Der legendäre E-Type katapultierte Jaguar an die Spitze der Sportwagenhersteller. Mit diesem Automobil konnte man der Konkurrenz die Krallen zeigen. Die Karriere des aufregend gestylten Modells begann 1961 mit sechs Zylindern unter der Haube. 1975, als die letzten Exemplare aus den Werkshallen rollten, überzeugte der Luxussportler mit einem V12-Motor der 5,3-Liter-Klasse.

Das Staunen der Beifahrerin ist berechtigt: Im Gegensatz zur viertürigen Limousine zeigten sich die Coupé- und Cabrioversionen des Peugeot 404 in einem absolut eigenständigen Design ohne Heckflossen. Die italienische Karosseriedesignfirma Pininfarina hatte das Blechkleid erst einmal gründlich überarbeitet, bevor die eleganten Zweitürer 1963 in Produktion gingen.

Seite 136: Weißwandreifen und ein rotes Lederinterieur hatten andere Wagen in den 1950er-Jahren auch zu bieten – die Eleganz eines Jaguars zu toppen gelang aber keinem. Obwohl sich die Raubkatze (hier der von 1957 bis 1961 gefertigte XK 150) manchmal störrisch benahm, begeisterte sie ihre Fans. Und die gab es nicht nur auf der britischen Insel, sondern auf der ganzen Welt.

JAGUAR

„Fahren wie Gott in Frankreich“ – so und nicht anders definieren Citroën-Fahrer den Komfort des hydropneumatischen Federungssystems, das Citroën 1955 einführte. Auch der mit einem Maserati-Motor bestückte Citroën SM (1970–1975) profitiert von dieser genialen Erfindung, doch irgendwie scheint Papst Johannes Paul II. die Fahrt in der offenen, viertürigen Sondervariante nicht zu behagen.

Adel verpflichtet: 1966, anlässlich ihres Besuches in Nassau, genießen „H.M. Queen Elizabeth“ und „The Duke of Edinburgh“ den Komfort und die Annehmlichkeit eines Rolls-Royce Silver Cloud. Beruhigend zu wissen, dass genügend Pferdestärken vorhanden sind – über Motorleistung wird bei Rolls-Royce nicht gesprochen.

Kleiner Roadster mit sportlichem Herz: Der MG Typ A, den es 1955 erstmals auf der Londoner Motor Show zu sehen gab, eroberte schnell die Herzen seiner Fans. Dank vernünftig abgestufter Hubraumklassen und ausreichender Leistungsabgabe (zwischen 69 PS und 90 PS) avancierte der bis 1962 gebaute MG A schnell zum Bestseller – die geschlossene Coupéversion lief von 1956 bis 1962 vom Band.

Das tat weh: Um seinem Rivalen Enzo Ferrari Paroli bieten zu können, verschrieb sich Ferruccio Lamborghini ausgerechnet dem Sportwagenbau. Als der italienische Traktorenfabrikant 1963 der Presse sein erstes Serienmodell – den 350 GT – präsentierte, war die Resonanz überwältigend. Die junge Dame ließ sich von dem Rummel nicht beeindrucken – sie macht sich von dem rassigen Zwölfzylinder in aller Ruhe ihr eigenes Bild.

Eigentlich ist ein Sprint ein Kurzstreckenlauf – und man fragt sich, weshalb eines der interessantesten Alfa-Romeo-Modelle ausgerechnet Sprint heißen musste. Der kecke Wagen (hier ein von 1962 bis 1968 gebauter Giulia Sprint 1300 GT Junior) erwies sich als potenter Langstreckenläufer – er wurde in zahlreichen Leistungsstufen angeboten und verkaufte sich außerordentlich gut.

Ungewöhnlich, aber interessant: Das große Fiat 2300 Coupé, das 1961 der Öffentlichkeit vorgestellt wurde, verfügt über eine dreigeteilte, panoramaförmige Heckscheibe. Wie man sieht, stößt der elegante Wagen auf Begeisterung – er ist schnell (190 km/h), komfortabel und vor allem von der Optik her beeindruckend.

Die neueste Mode, kombiniert mit automobiler Eleganz, steht der jungen Dame ausgezeichnet. Ihr Lancia Flavia 2000 zählte bei seinem Debüt 1969 zu den individuellsten Coupés, die es in Europa zu kaufen gab. Die Linienführung des bis 1972 gefertigten Zweitürers entstand übrigens am Zeichenbrett der italienischen Karosseriedesignfirma Pininfarina – der Name steht für vollendete Stilsicherheit.